KB244811

처음읽는 미래과학 교과서

네번째 이야기

지하도시

|발간에 부쳐 |

21세기로 접어들면서 인류는 유사 이래 그 어느 때보다도 격렬한 기술 발전을 경험하고 있습니다. 공학기술은 인류의 미래에 무한한 가능성을 열어주고 있지만 핵폭탄, 환경오염에 따른 생태 파괴, 합성물질의 위협에서 보듯 자칫 인류의 생존을 위협할 수도 있습니다.

'처음 읽는 미래과학 교과서' 시리즈는 청소년이 공학 분야를 쉽고 흥미롭게 이해하고 기술문명이 가져올 미래의 변화에 대해 고민할 수 있게 함으로써 더욱더 풍성한 21세기 과학한국의 미래를 열기 위한 기획입니다. 실제 우리의 삶에 가장 밀접하게 존재함에도 불구하고 낯설고 멀게만 느껴졌던 공학을 편안하고 가깝게 느끼도록 하는 것이 발간의 목적입니다. 우리의 미래생활을 위한 비전북이 되기를 희망합니다.

이 시리즈는 산업자원부의 지원을 받아 NAEK 한국공학한림원과 김영사가 발간합니다.

처음읽는 미래과학 교과서
네번째 이야기 지하도시

지음_ 김문겸
그림_ 이승민

1판 1쇄 발행_ 2007. 11. 26.
1판 5쇄 발행_ 2018. 10. 11.

발행처_ 김영사
발행인_ 고세규

등록번호_ 제406-2003-036호
등록일자_ 1979. 5. 17.

경기도 파주시 문발로 197(문발동) 우편번호 10881
마케팅부 031)955-3100, 편집부 031)955-3200, 팩스 031)955-3111

값은 뒤표지에 있습니다.
ISBN 978-89-349-2187-5
ISBN 978-89-349-2183-7(세트)

홈페이지_ http://www.gimmyoung.com   블로그_ blog.naver.com/gybook
페이스북_ facebook.com/gybooks   이메일_ bestbook@gimmyoung.com

좋은 독자가 좋은 책을 만듭니다.
김영사는 독자 여러분의 의견에 항상 귀 기울이고 있습니다.

처음읽는

미래과학 교과서

네번째 이야기

지하도시

김문겸 지음

김영사

contents

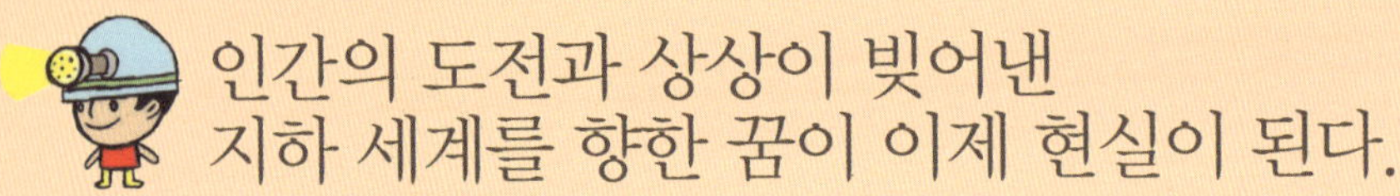

인간의 도전과 상상이 빚어낸
지하 세계를 향한 꿈이 이제 현실이 된다.

평지가 드넓게 펼쳐진 중부 유럽의 아이들에게 '산'을 주제로 그림을 그리게 하면 완만한 언덕과 꽃을 그린다고 한다. 그렇지만 우리 아이들은 높게 솟은 봉우리와 그 사이로 비치는 햇살 그리고 즐거운 표정의 가족을 그린다. 그저 어린아이들의 그림이겠거니 하고 지나칠 수 있는 문제일 수도 있지만 많은 것을 의미하고 추측해 낼 수 있는 부분이다.

우리나라는 국토의 3분의 2가 산지로 이루어져 있으며, 이는 자연스레 낮은 국토 이용률로 이어진다. 산악 지형은 그 자체로 이용하기가 힘들 뿐더러 평지에 비해 생산율이 매우 떨어지기 때문에 이용 빈도가 매우 낮다. 이에 비해 넓은 평야나 구릉지에 위치한 국가들은 높은 국토 이용률을 보인다. 그러나 지상 공간의 부족은 산지의 비율이 높은 우리나라뿐만 아니라 전 세계적인 문제이며 이를 해결하기 위해 지하, 해저 및 해상, 우주 공간으로 인간의 손길을 뻗치고 있다. 그중 가장 가깝게 다가갈 수 있는 곳은 바로 지하 공간이다.

현재 지하 공간은 인간의 생활공간보다는 각종 라이프라인(lifeline : 전력, 통신, 교통, 상하수도 등 선형의 기반 시설물을 통칭)이나 천연자원의 개발, 원자력 발전 등으로 발생한 폐기물을 폐기하는 산업 공간으로 사용되고 있다. 지하 공간은 채광, 환기 등의 기본적인 요소의 문제로서 인간의 생활공간으로는 적합하지 않다. 하지만 현재 상가 및 대단위 위락 시설 그리고 주차장 및 지하철 등이 되풀이하여 일어나는 인간의 생활공간으로 사용되는 것을 감안할 때 충분히 지하 공간에 머물러 있는 시간을 확장할 수 있는 가능성이 있다.

우리가 다루고 있는 공학 분야 중 가장 오래된 분야는 토목공학이다. 역사가 기술되기 이전의 태초부터 인간은 비, 바람 등 자연으로부터 자신의 몸을 보호하기 위한 구조물이 필요했다. 따라서 자연 동굴을 사용하거나 가장 손쉬운 구조물이었던 나무 및 흙으로 집을 짓고 살게 되었다. 이렇게 정착 생활이 시작되고 가족, 부락 등 몸집이 큰 사회들이 발생하면서 그들이 생활할 큰 공간이 필요하게 되었다. 이러한 사회들은 주로 물을 구하기 쉬운 강가에 발달했으며, 홍수 및 가뭄으로 피해가 자주 일어남에 따라 그 피해를 막기 위한 치수 사업은 그 사회의 우두머리의 역량을 가늠하는 척도가 되기도 했다.

우리나라 역사에서도 가뭄과 홍수가 자주 발생하면 임금의 모자란 덕을 뉘우치며 하늘에 제를 올리기도 했다. 또 치수를 위해 강가에 둑을 만들게 되고 다리를 만들게 되었으며, 체계적인 사회의 구성과 행정구역의 구분을 위해 도로 및 수도가 설치되었다. 로마 제국이 식민지의 큰 반란 없이 넓은 영토를 다스릴 수 있었던 것은 로마군의 체계적인 도로 시공과 집집마다 이어지는 상수도가 큰 몫을 했다고 한다. 식민지인들도 로마의 수준 높은 사회 구조물에 큰 자긍심을 가졌다고 한다. 토목공학은 이렇듯 인류에 필수적인, 필연적인 공학이며 인류와 늘 함께 해 왔다.

현재는 첨단 공학 기술들의 발전에 힘입어 도버해협을 바다 밑으로 가로질러서 영국과 프랑스를 잇는 채널터널 같은 길이가 50km를 넘는 긴 장대터널, 그리고 각 도시의 랜드마크가 되고 있는 날렵하고 아름다운 교량들이 건설되고 계획되고 있다. 토목공학은 자연의 무한한 불확실성 앞에 자연을 인간이 이용하기에 적합하도록 극복해 왔다. 이제 지하 및 해저, 우주 공간으로 그 범위가 확장되고 있으며, 이는 여러분의 노력과 열정으로 결실을 맺게 될 것이다.

이 책에서는 지난날에 우리나라와 다른 나라에서 지하 공간을 어떻게 사용해 왔는가를 기술했고, 가능한 한 많은 그림과 실례 등을 통해 이해를 돕고자 했다. 이 책이 청소년 여러분의 이해와 공학 분야에 대한 많은 관심을 갖는 데에 도움이 되었으면 한다.

01

인간의 조상이 살던 자연 동굴

　　여러분들은 지하 도시에 관한 상상을 해 보았을 것이다. 끝도 없이 이어지는 지하의 미로, 미래의 세계를 그릴 때면 언제나 어김없이 등장하는 지하 도시들. 첨단 기술들로 꾸며진 지하 도시의 모습을 머릿속으로나마 그려 본 경험은 누구나 가지고 있다. 그렇다면 그 같은 지하 도시는 과연 실현 가능성이 있을까? 미래에는 SF 영화에 심심찮게 등장하곤 하는 지하 도시를 건설해 살 수 있게 되는 것일까? 이제부터 인류 역사에서 '지하'라는 영역이 어떻게 이용되어 왔는지, 그 과정에 관해 찬찬히 살펴보자.

　　예부터 인간은 여러 가지 필요에 의해 지하 공간을 활용해 왔다. 최초의 인류가 동굴에 살았던 흔적은 여러 장소에서 발견되었다. 또한 지하 도시라고 불렸던 유적들이 곳곳에 존재하고 있다. 터키의 카파도키아(Cappadocia) 지하 유적, 로마의 지하 무덤인 카타콤(Catacomb) 등이 바로 그것이다. 그리고 현재까지도 그 형태를 유지하고 있는 중국의 황토 지대인 요동과 저수지로 사용되었던 터키의 지하 궁전 등은 그 좋은 예이다. 이렇게 시작된 지하 공간의 이용은 현대에 이르러 그 중요성이 더욱 부각되고 있다. 그러나 현대의 지하 공간은 원시인과 기독교인들에게처럼 단순히 피난처로서만 의미가 있는 것은 아니다. 지하 공간은 현대의 문명사회가 만들어 낸 많은 문제점들을 해결할 실마리를 가지고 있다.

동굴 주거의 조건

　　지하 공간의 사용은 자연적으로 형성된 동굴을 이용하면서 시작되었다. 이 당시에는 자연의 재해 및 동물에게서 인간의 생활을 보호하는 수단으로 사용되었다. 베이징 근처의 석회 동굴에서는 70만 년 전의 유골이 발견되었고, 이 외에도 호주, 영국, 프랑스, 남아프리카 공화국 등 여러 나라의 동굴에서 인간이 살았던 증거가 많이 발견된다. 이들이 살던 시기가 모두 지금

단양의 고수동굴

으로부터 2만 년 전인 빙하기였다는 것으로 미루어 볼 때 인간의 조상들은 추운 기후를 견디기 위해 동굴로 들어가 살았을 가능성이 높다.

이들은 자연 그대로 또는 약간의 인공을 가해 살았으며, 혈거(穴居)라고도 한다. 중국 화북의 저우커우뎬(周口店)의 예로 볼 때 자연 동굴 주거는 구석기 시대까지 거슬러 올라간다. 그러나 동굴 주거가 성행되기 시작한 것은 중기 구석기 시대로, 주요 원인은 빙기의 추위를 피하기 위한 것도 있으나 그보다는 바람과 비를 막거나 맹수의 습격에서 스스로를 방어하기 편리했기 때문이다.

신석기 시대 이후에는 자연 동굴보다 인공 동굴이 많이 이용되었는데 그 이유는 도구의 발달, 집단 노동력의 증대로 큰 동굴을 용이하게 만들 수 있었고, 촌락 형성을 위한 장소의 선정, 집단 거주의 필요성 때문이었다고 생각된다. 그러나 일반적으로 문화가 발달하고 사회생활이 향상되면서 동굴 주거는 점차 쇠퇴되어 낮은 신분이나 생활이 어려운 사람들과 미개인들이 이용하게 되었다.

동굴 주거에 적당한 지역에서는 오늘날도 굴식 동굴을 주거로 이용하고 있는데, 중국 화북 지역의 황토 지대가 그 예이다. 동굴 생활을 가능케 하기 위해 만

족되어야 하는 여건 중 우선 외부의 공격에서 안전할 수 있는 지대를 찾는 것이 중요하다고 할 수 있다. 즉, 재해는 물론이고 짐승이나 타인에게서 보호받을 수 있

는 공간을 말한다. 뿐만 아니라 식량을 쉽게 구할 수 있는 강의 하류나 중류에 위치한 동굴을 좋아했다. 이는 어획 등 풍성한 수확을 위한 조치이다.

　일반적으로 사람들이 알고 있는 동굴과 터널의 모양은 매우 비슷하다. '두껍아, 두껍아, 헌 집 줄게. 새 집 다오.' 라고 흥얼거리며 어린 시절 놀이터에서 만들던 두껍의 집도 이와 마찬가지로 윗부분이 반원 형태를 띠고 있는 아치(arch)형이다. 어린 시절부터 보아 오던 형태가 아치형이라서? 아니면 우연의 일치로? 자, 이제 동굴의 형태와 뻥 뚫려 있는 구조인데도 무너지지 않는 이유를 알아보자.

　'자연스럽다' 라는 말은 많은 의미로 사용되지만 한 가지 공통적인 의미로 편안하다는 뜻을 가지고 있다. '자연' 이라는 단어는 스스로 자(自)와 그러할 연(然)이 결합되어 스스로 그러하다는 문자적인 의미를 갖는다. 실제로 자연은 가장 안정된 상태로 변화해 나간다. 다시 말해 에너지가 가장 낮은 상태로 이동하는 것이다.

　음식을 포함한 모든 것들도 자연산(自然産)이 몸에 좋은 것 역시 현재

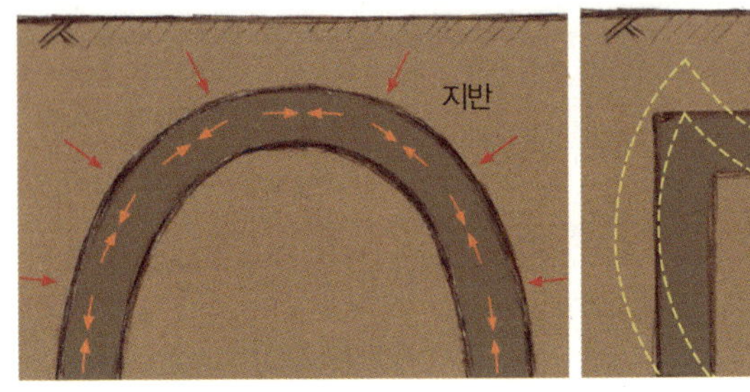

아치형(arch)

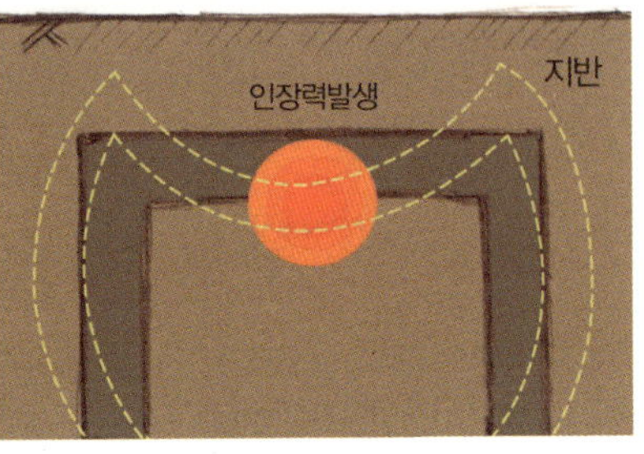

박스형(box)

의 인간에게 가장 적합하게 구성되었기 때문일 것이다. 이러한 의미를 토목 구조물 분야로 가지고 오게 된다면, 구조물이 본래 계획한 기능을 불안함 없이 순순히 수행하고 있다는 뜻으로 사용할 수 있을 것이다. '자연' 발생적인 동굴은 일반적으로 지하수의 흐름에 따라 물에 잘 녹는 부분의 암석이 녹아내려서 발생하게 된다. 쉽게 말하면 지하수를 위한 물길이지만 지각 변동으로 땅 위로 솟아오르거나 동굴 하부에 지층이 갈라지는 등의 현상에 의해 지하수위가 낮아지는 경우에 인간이 거주할 수 있는 동굴의 형태를 띠게 되는 것이다. 따라서 물에 잘 녹는 석회암 등에는 매우 많은 동굴이 발달하게 되며, 이러한 지반 위에 지반 조사 없이 구조물을 건설하게 될 경우 동굴이 붕괴되어 구조물에 큰 피해를 미칠 수도 있다.

이러한 자연 동굴은 하나같이 아치형을 띠게 된다. 다시 말하면 자연 상태에서 동굴을 구성하는 암반이라는 재료에 공간을 만들기에는 아치 형태가 가장 알맞다고도 이야기할 수 있을 것이다. 이 책의 후반부에도 기술했지만 흙이나 암석 같은 지반 재료들은 당기는 힘에는 매우 약하며, 압축에는 매우 강한 성질을 가지고 있다. 그렇다면 상식적으로 압축력만 작용하는 구조 형태에 매우 강하다는 이야기인데, 바로 그러한 구조 형태가 아치라는 것이다. 다음 그림에서 아치형 구조는 모든 방향에 대해 압축력이 발생하는 것을 확인할 수 있는 반면, 박스형 구조에서는 터널의 각 부분에 발생하는 인장력으로 위험한 부분이 발생하는 것을 볼 수 있다.

도시 곳곳, 도로 곳곳에서 볼 수 있는 터널은 이러한 아치형의 구조적인 우수성과 편의성 때문에 일반적으로 아치형으로 설계된다. 정확하게 말하면 몇 개의 원을 조합해서 만들게 된다. 물론 사각 박스형 터널도 있지만 원형 터널이 대중적으로 많이 사용되고 있다. 다음 그림은 일반적인 터널 단면을 나타낸 것이다. 터널 상부에 환기구를 설치하지 않는 경우가 대부분이지만 터널의 길이가 길어지면 환기가 매우 어려워지기 때문에 상대적으로 긴 터널에서는 환기구를 설치하기도 한다. 도심의 경우 터널의 도로 하부에 각종 전력선, 통신선 등의 케이블들을 매설하기도 하고 상하수도 배관이 위치하게 되기도 한다.

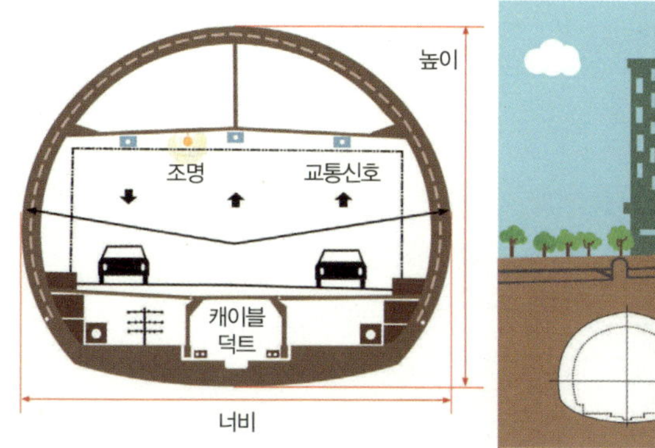

터널 단면

　　우리의 조상들은 자연이 훌륭하게(이따금 무너지기도 했지만) 지어 놓은 '자연' 동굴에서 생활했었다. 원래 수로였기 때문에 높이 차에 의해 배수 시설은 확보되어 있었고, 역시 온도 차에 의해서 환기도 적절하게 이루어지는 환경이었다. 이제 동굴 거주의 역사들을 하나하나 되짚어 보자.

현재를 사는 과거의 첨단 과학인 김장독

최근 10년간 가장 선풍적인 인기를 끌고 있는 발명품을 꼽자면 단연 김치 냉장고를 들 수 있다. 특히 우리나라를 대표하는 식품인 김치를 더욱 맛있게 즐기기 위한 도구여서 일본의 생선 냉장고, 프랑스의 와인 냉장고만큼 독특한 발명품이라고 볼 수 있다. 하지만 이미 우리 생활의 필수품이 되어 버린 김치 냉장고도 결국엔 전통 김장독 원리의 재현을 궁극적인 목표로 삼고 있다. 이미 우리 선조들은 김치를 장기간 일정한 맛으로 유지할 수 있는 매우 과학적인 보관 방법을 사용해 왔다. 역사적으로 볼 때 통일신라 시대의 역사서인 『삼국사기』 중 신문왕 편에는 헤(醯)라는 용어가 등장하는데 이는 '김치무리'라는 뜻이며, 현재 법주사 내에 김장독으로 사용되었던 것으로 추정되는 돌로 만든 독이 보존되어 있는 것을 보면 이미 신라 시대부터 김치를 애용해 왔고, 보관 방법으로 김장독이라는 도구를 사용해 왔다는 것을 알 수 있다.

오랜 기간 김장독을 유일한 김치 보관 방법으로 사용해 온 우리 선조들은 보통 70cm 정도 땅을 파서 그 속에 김장독을 묻어 보관해 왔다. 이는 오랜 기간 동안에 경험으로 터득한 조상의 지혜로서 70cm 깊이의 땅속은 아주 추운 겨울에도 온도가 −1℃ 정도로 유지되어 김치의 발효가 제어되므로 김치 맛이 오랫동안 일정하게 유지되는 것을 알게 되었기 때문이다. 게다가 김장독으로 주로 쓰이는 옹기는 김장독 내부의 공기를 순환시키는 기능이 있어서 김치 맛을 일정하게 유지시키는 데 유리하게 작용했다.

그럼 왜 김장독을 땅에 묻으면 맛이 좋게 보관되는 것일까?

우선 첫 번째 이유로는 앞에서도 간략하게 설명한 바와 같이 땅속에서의 적당한 온도 유지 때문이다. 자세히 설명하자면, 땅속 기온은 땅 위의 기온과는 다르게 기온 차가 적은 편이다. 70cm만 땅 밑으로 내

땅속에 묻혀 있는 김장독

김장독 안에서 김치가 발효되는 과정

려가도 하루 중 기온 변화는 거의 없고, 그 밑으로 10m 이상만 파 들어가면 1년 내내 계절의 변화와 상관없이 거의 적정한 온도를 유지한다. 그 결과 김치가 익을 때 가장 중요한 과정인 젖산 발효 과정에서 이상적인 온도 분포인 0~2℃가 땅속 김장독에서는 시간과 계절에 관계없이 일정하게 유지되는 것이다. 또한 김치의 젖산 발효를 일으키는 유산균은 '류코노스톡(Leuconostoc)' 이라는 것인데, 이 유산균은 처음 김치를 담글 때는 ml당 1만 개 정도에 불과하지만 김치가 익으면 6,000만 개까지 늘어난다. 또 김치의 온도를 −1℃ 정도로 유지시키면 ml당 1,000만 개 이상의 개체 수를 유지하면서 4개월까지 사는 것으로 확인되었다. 그런데 우리나라의 겨울은 땅속 70cm 지점의 평균 기온이 −1℃ 정도이다. 따라서 김장독을 땅에 묻는 환경이 류코노스톡균이 살기에 가장 좋은 조건인 것이다.

두 번째 중요한 조건은 적당한 산소 농도의 유지이다. 그 이유는 앞에서 말한 젖산 발효 과정에서 0~2℃의 일정한 온도가 유지되어도 산소 농도가 너무 높으면 김치의 발효를 일으키는 세균들이 발효되기보다는 산소 호흡을 하기 때문에 김치를 맛있게 만드는 젖산이 만들어지지 않는다. 그래서 우리 선조들은 김장을 할 때 김장독을 땅에 묻은 뒤 독 안에 김치를 최대한 많이 꾹꾹 눌러 담은 후 그 위에 우거지 같은 덮개를 덮고 김치가 계속 눌려 있도록 무거운 돌을 올려놓는 것으로 김장독 묻기를 끝냈다.

그 이유는 단지 같은 공간의 김장독에 많은 양의 김치를 담기 위해서가 아니라 김치의 발효가 잘 일어날 수 있게 산소의 농도를 적절히 유지하기 위함이다. 그 원

리를 살펴보면, 김치를 최대한 눌러 담고 그 위에 돌까지 올려놓으면 시간이 지나도 김치 사이사이로 공기가 잘 스며들지 못해서 공기 속의 산소를 싫어하는 유산균들이 활발하게 젖산 발효를 일으켜 김치가 맛있게 되는 것이다.

베이징원인(북경원인)

베이징원인(Homo erectus pekinensis)이란 화석인류의 하나로서 중국 베이징 교외의 저우커우뎬 석회암 지대에서 발견된 한 개의 치아에 대해 인류학자 데이비드슨 블랙(Davidson Black)이 처음으로 이름을 지어 붙인 개념이다. 1929년 이래로 석회 동굴 속의 퇴적물 중에서 이것과 같은 종류의 많은 뼈가 발견되어 자바원인(Pithecanthropus erectus)과 함께 가장 중요한 표본이 되었다. 하지만 베이징원인 쪽이 약간 새로운 시대에 속하는 것으로서 뇌의 부피도 크다.

블랙이 죽은 뒤 그의 연구를 계승한 독일의 해부학자 바이덴라이히(Franz Weidenreich)는 베이징원인에 관한 중요한 논문을 많이 발표했다. 베이징원인이 자바원인과 동일한 유형이며, 식인(食人)의 습관이 있었다는 것 등의 주장은 바로 그에게서 나온 것이다. 그런데 베이징원인의 실물 표본은 제2차 세계대전 때 행방불명되었다. 종전 후 저우커우뎬 동굴의 발굴이 재개되었으나 약간의 사람 뼈조각을 얻었을 뿐이다.

저우커우뎬에서 호모 에렉투스의 화석이 발견될 즈음에는 초창기 조상들의 생활에 대해 알려진 것이 별로 없었다. 과연 그들에게 사냥 문화가 있었는지와 자신들의 필요에 따라 환경을 통제하는 능력을 지녔는지에 대해 알 수 없었다. 그런데 저우커우뎬의 동굴에서 나온 유물들은 이에 관한 의문들에 몇 가지 실마리를 제공했다. 지층에는 타다 남은 뼈와 상당량의 재가 쌓여 있었다. 이는 베이징원인이 소중한 수단인 불을 다룰 수 있었음을 의미한다. 난방용 불이 없었다면 인간은 차가운 중국 북부 지역을 개척하지 못했을 것이다. 베이징원인들이 동굴에 살기 시작했을 50만 년 전의 기후는 오늘날과 비슷했다. 불은 또한 야생동물에게서 인간을 보호해 주었으며, 소화하기 쉽게 음식을 요리하는 수단이기도 했다. 저우커우뎬은 불이 사용된 흔적이 남아 있는 가장 오래된 유적지이지만, 최근에는 퇴적층에서 나온 재가 정말 불을 피운 흔적인지에 대해 강한 의문이 제기되고 있다.

한편 저우커우뎬에서 발견된 유골의 대부분은 사슴의 것으로서, 확실치는 않지만 동굴에 거주하던 이들이 사슴이나 돼지, 양 같은 동물들을 사냥했을 가능성은 있다. 그들은 고기뿐 아니라 뼈 속에서 추출되는 골수까지 먹었다. 화석화된 배설물을 살펴보면 그들이 포도류, 씨, 과일, 견과류를 섭취했음을 알 수 있다.

베이징원인들이 거주했던 동굴에서 나온 뼈 등의 직접적인 유물을 통해 그들의 생활을 상상해보았다면 이번에는 그들의 언어였던 동굴

벽화를 통해 당시의 생활상을 돌아보도록 하자. '말'은 지극히 시간에 제한적인 정보의 전달 체계이다.

정보를 전달하고자 하는 사람이 다른 사람에게 성대를 통해 '말'할 경우에는 음파가 전달되는 동안 및 진동하는 동안의 시간차가 존재하겠지만, 그러한 시간은 '말' 하는 동안에만 제한되는 극히 짧은 시간이다. 따라서 이러한 시간차를 극복하기 위해 문자가 개발되었고, 근래에 들어 이러한 소리를 저장할 수 있는 다양한 매체가 개발되었다. 문자가 존재하지 않던 시절의 사람들은 그림을 통해 이러한 시간차를 극복했으나, 각 개인이 그리는 그림들은 서로 같을 수도 없을 뿐더러 오해의 소지가 많았다. 따라서 이러한 그림들을 추상화시키고 간략화시킨 문자가 탄생하게 된 것이다. 특히 한자와 같이 글자 하나하나가 의미를 가지고 있는 뜻글자들은 하나같이 그 뜻을 의미하는 대상 물체를 형상화하는 상형문자를 기본으로 한다. 원시인들이 동굴에 거주하던 시절에 그들의 사회가 형성될 수 있도록 정보를 전달했던 벽화를 통해 그 당시 지하 공간의 생활상을 그려 보자.

추정하건대 그들은 지금보다 훨씬 따뜻한 기후에서 직접 제작한 도구를 이용했고, 위대한 공동 노동을 통해서 자신들보다 훨씬 거대한 짐승을 사냥하면서 생활하고 있었다. 그들의 거주지는 자연이 만들어 놓은 동굴이었다. 특히 불의 사용은 인류가 자연계의 주류로 탄생하게 되는 첫걸음인 도구 사용 다음으로 인류의 발달사에서 아주 의미 깊은 일이었다.

번개나 지진 등 자연적 현상 속에서 불을 관찰하기 시작한 인류도 처음에는 다른 동물들처럼 불을 몹시 두려워했으나 점차 그 위대함을 깨닫고 생활에 적극 이용할 수 있게 되었다. 불은 생존을 위협하는 맹수들의 침입과 엄습하는 추위에서 인간을 보호해 주었으며, 식량을 익혀 먹기 시작하자 인류의 신체는 더욱 튼튼해졌고 두뇌는 더욱 발달하기 시작했다.

베이징원인의 발굴을 시작으로 최근까지 발굴된 중국의 구석기 유적
지는 무려 200여 곳에 달한다. 중국의 구석기 문화는 이미 베이징원인
이 살았던 시기보다 100만 년을 훨씬 앞선 시기부터 시작되었다. 예를
들어 운남성 원모현에서 발굴된 원모인은 이미 170만 년 전에 생활했
음이 확인되었고, 섬서성 남전에서 발굴된 남전인은 약 60만 년 전에
활동했다.

시간을 거스르는 냉장 기술인 석빙고

내부의 더운 공기가 빠져나가는 석빙고의 환기구

그리 오래되지 않은 이야기이다. 지금도 전국 각지에 소규모 장이 5일 혹은 7일에 한 번씩 서는 곳들이 있지만, 약 30년 전만 해도 5일장은 우리네가 살아가는 일반적인 모습이었다. 장이 서는 날이면 어김없이 장사꾼들이 모여들었고, 동네는 잔칫날처럼 활기가 넘쳤다. 그들 중에는 갓 잡은 돼지나 쇠고기를 취급하는 장사꾼도 있었다. 고기는 귀한 음식일 뿐더러 쉽게 상하기 때문에 사람들은 그날 조리할 만큼만 사가곤 했다. 거꾸로 말하면 장이 설 때마다 고기를 사 먹어도 일주일에 한 번 정도밖에 먹을 수 없었다는 이야기이다.

온도를 제어할 수 있는 기술을 가지지 못했던 그 시절, 계절이나 날씨에 따라 그날의 먹을거리가 정해지곤 했었다. 상하지 않도록 소금으로 간을 해 반건조시킨 안동 자반고등어 역시 그 좋은 예라고 할 수 있을 것이다.

산업화를 거치고 기술이 발달한 오늘날, 냉장고는 우리 생활에 꼭 필요한 필수품이 되었고 식품의 부패를 지연시킬 수 있는 가장 혁신적인 가전제품이다. 냉장고가 발명되기 전의 우리 선조들은 더운 여름을 어떻게 이겨 내었고, 임금에게 살얼음이 동동 뜬 식혜를 어떻게 내었을까?

우리 선조들은 자연적으로 얼음이 생성되는 겨울에 얼음을 필요한 크기로 잘라서 미리 만들어 놓은 석빙고로 운반했다. 그리고 계절이 바뀌어 여름이 되면 음식이 상하지 않게 하기 위해, 또 더운 날씨에 시원한 음식을 먹기 위해서 차가운 얼음이 보관되어 있는 석빙고에 음식을 보관했다가 꺼내 먹었다. 그래서 석빙고는 내부 온도가 올라가지 못하도록 태양열과 직사광선이 들어오지 않게 설계되어 있고, 얼음이 녹은 물이 외부로 자연스럽게 배수될 수 있도록 바닥이 경사져 있으며, 중앙에는 배수로가 설치되어 있다.

석빙고는 초기 신라 시대에 처음으로 사용되었다. 그 후 냉장고가 발명되어 필요 없어질 때까지 끊임없이 발전했고, 전국에 많은 수가 만들어졌다. 현재는 경주, 안동, 영산, 창녕, 청도, 현풍, 해주에 남아 있는데 가장 오래되고 대표적인 석빙고는 경주의 석빙고이다.

이러한 석빙고가 과학적으로 우수한 이유는 인공적인 재료, 즉 프레온 가스나 전력을 사용하지 않고 천연 재료를 사용해 자연의 힘으로 냉각 기술을 발휘했다는 데 있다. 석빙고의 내부는 화강암으로 만들어졌고, 외부는 진흙과 석회로 덮여 있는데 여름철에 외부의 뜨거운 기온이 열 전달률이 낮은 진흙과 석회 때문에 석빙고 내부로 들어오기 힘들게 설계되어 있다.

또한 추가적인 태양열 복사 현상에 의한 온도 상승을 막기 위해 지붕에 잔디를 심어 단열 효과를 높였다. 외부로 개방되어 있는 출입구를 통해 유입되는 더운 공기는 입구의 벽 때문에 석빙고 내부에서 대류 현상을 일으켜서 실내에 보관된 얼음에 직접 닿지 않고 차가운 공기와 부딪힌 다음 닿게 된다. 그리고 바깥 공기와의 소통을 위해 반원형의 지붕에 환기구를 설치했다. 그 결과 더운 여름에도 석빙고 내부의 얼음은 오랜 시간 동안 녹지 않았다.

석빙고가 과학적으로 가장 놀라운 점은 단연 냉각 기술에 있다. 이는 겨울철 석빙고의 돌 벽의 온도를 보면 알 수 있다. 일반적으로 겨울철 땅속의 돌은 10~15℃ 정도인데, 석빙고의 돌 벽은 0~5℃까지 떨어진다. 가장 주요한 이유는 겨울철에 부는 차가운 바람의 방향과 공기 흐름을 최대한 이용했기 때문이다.

석빙고의 입구를 겨울철의 바람이 많이 유입되는 곳으로 내고, 내부는 유입된 바람이 구석구석 퍼질 수 있게 만든 것이다. 또한 여름철에는 더운 공기는 위로 올라가고 차가운 공기는 아래로 내려간다는 과학적 원리를 이용해 출입문 위쪽에 2m 높이의 벽을 설치해서 외부의 뜨거운 공기가 내부로 들어가지 못하게 했다. 그리고 내부에는 천장부에 5개의 요철 구조를 설치해 더운 공기가 상부로 이동해서 외부로

배출될 수 있게 했다.

  그 결과 여름철 석빙고의 내부 온도는 19~20.3℃를 유지할 수 있었다. 이렇듯 석빙고는 대류 현상, 물질의 열 전달률 등을 이용한 과학적인 건설물이다.

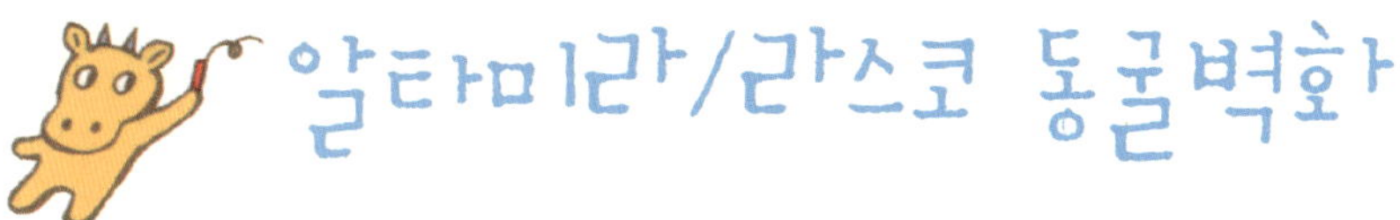
알타미라/라스코 동굴벽화

알타미라(Altamira) 동굴은 에스파냐 북부의 칸타브리아(Cantabria) 지방 칸타브리아 주(州)에 있는 구석기 시대 후기의 동굴이다. 270m의 길이를 자랑하는 이 동굴은 산탄데르(Santander) 서쪽 30km 지점에 위치해 있다. 이곳에서 발견된 동굴벽화는 프랑스의 라스코 동굴벽화와 더불어 세계적으로 유명하다. 이 벽화는 1879년에 5세의 소녀에 의해 우연히 발견되었는데, 당시에는 그 진위(眞僞)를 놓고 학회나 언론에서 떠

알타미라 동굴벽화

들썩했으나 얼마 안 되어 북(北)에스파냐나 남프랑스에 있는 구석기 시대의 동굴에서도 똑같은 벽화나 부조 등이 발견됨으로써 인류 역사상 가장 오래된 미술임이 확인되었다는 점에서 더욱 의미 있는 일이었다. 오늘날에는 구석기 시대 후기의 마들렌기(약 1만~2만 년 이전)의 것으로 추정되고 있다.

이 벽화의 대부분은 천장에 그려져 있다. 매머드 · 토나카이 · 들소 · 사슴 등이 검정 · 빨강 · 갈색으로 그려져 있는데, 파랑색과 초록색은 보이지 않는다. 그 생생한 묘사와 아름다운 색채, 입체감은 보는 사람을 압도하는 경지이다. 우리는 이 벽화를 통해 당시의 예술 활동뿐만 아니라 수렵의 방법이나 무기, 신앙 등을 알 수 있다. 이 벽화는 세계유산 목록에 등록되어 있다.

마들렌 문화(막달레니아 미술)라고 불리는 알타미라의 벽화가 뛰어나다는 평가를 받는 것은 짐승들이 움직이는 순간을 예리하게 포착해 표현했기 때문이다. 힘차게 생동하는 듯할 뿐만 아니라 넉넉하고 묵직한 느낌을 갖게 한다. 또한 현대인이 보아도 경이로울 만큼 짙고 옅음과 밝고 어두움을 기막히게 조화시켜 입체감을 두드러지게 했다. 알타미라 동굴의 들소 그림이야말로 그 대표적인 본보기이다.

알타미라 동굴은 오늘날 극소수 단체에만 관람이 허용되는데, 길이가 270m나 되는 동굴의 맨 끝 꼬리 부분은 기어서 들어가야만 한다. 입구에서부터 맨 끝 꼬리에 이르기까지 선으로 새긴 수많은 그림이나 무늬가 있지만, 그중에서도 '그림의 거실'이라고 불리는 곳이 압권이다. 가로 18m, 세로 9m의 천장에는 동물 25마리가 그려져 있다. 여기에서 멧돼지 3마리, 말 2마리, 이리 1마리를 빼놓고는 모두가 들소 그림이다. 일부 학자들은 이러한 그림이 들소 사냥이라는 목적에 따라 하나의 그림으로 구상되었다고 주장한다. 이 그림들에 쓰인 물감은 자연에서 얻은 황토·적철광·망간 따위로서, 가루로 만든 후 동물 기름 등을 혼합해 사용한 것으로 보인다. 도구로는 손가락과 나뭇가지, 이끼 뭉치, 깃털 등이 추정된다.

프랑스 아키텐(Aquitaine) 주의 베제르 계곡 주위에서 발견된 라스코(Lascaux) 동굴벽화는 몽티냐크(Montignac) 마을에서 발견된 25개의 암각화 중 하나이다. 1940년에 마을 소년들이 우연히 발견한 이 동굴에는 기원전 1만 7,000년경의 벽화와 암각화 800여 점이 고스란히 보존되어 있었다. 가장 유명한 것은 들소, 말, 사슴, 염소 등 100여 마리의 동물들이 등장하는 사냥 장면을 그린 그림이다. 이 그림은 놀라울 정도로 세밀한 묘사에 빨강, 검정, 노랑, 갈색 등 풍부한 색감으로 화려하게 채색

라스코 동굴벽화

되어 있을 뿐 아니라,
워낙 사실적이고 생생
해서 당장이라도 벽면
에서 튀어나와 달릴 것
같은 강렬한 모습이다.
해당 지역은 1979년에
유네스코 세계문화유
산으로 지정된 바 있으

며, 선사 시대 인류의 모습을 여실히 보여 주는 산물이다. 특히 라스코
동굴벽화는 미술사에서 굉장히 중요하고 인상적인 자료이다.

　가로 길이가 5m 이상인 검은 소를 비롯해 대부분 크기도 커서 더욱
웅장하게 느껴진다. 간간이 주술사의 모습이 있는 것으로 보아 사냥의
풍요를 기원하는 주술적인 의미가 있을 것으로 추정되는 이 그림은 강
한 사실주의가 발달된 표현 기법으로, 인류 초기에는 간결하고 추상적
인 그림을 그리다가 점차 사실적인 형태로 발전했다는 기존 미술사의
이론을 뒤엎어 충격을 준 바 있다. 하지만 그림 기법이나 미술사적인
의미가 아니더라도 1만 7,000년이라는 긴 세월을 견디고 이렇듯 생생
한 모습으로 우리 앞에 있다는 사실 자체로도 그 가치는 충분히 경이롭
다. 제아무리 길어 봐야 수명이 100년 남짓에 지나지 않는 인간으로서
는 가늠조차 하기 힘든 세월이 아닌가.

　세상에 알려진 뒤 관광객들이 몰려들어 벽화가 부식되자 프랑스는
벽화의 보존을 위해 1963년에 라스코 동굴을 폐쇄했고, 1983년부터는

원래 동굴에서 200m 떨어진 곳에 복제 동굴인 '라스코 2'를 만들어 일반인에게 공개하고 있다. 이 외에 300개의 동물화가 그려진 퐁드곰(Font-de-Gaume) 동굴, 150마리의 매머드 선각화가 있는 루피냐크(Rouffignac) 동굴, 콩바렐(Combarelles) 동굴 등이 유명하다. 또 1968년에 크로마뇽인 화석 5구가 발견된 곳은 라스코 동굴이 있는 몽티냐크 마을에서 25km 떨어진 레제이지(Les Eyzies) 마을이었다.

인간은 지구 상의 동물 중 외부 조건에 가장 취약한 피부를 가지고 있으며, 신체적으로 타고난 외부 공격에 대한 방어 능력이 전무하다. 그러나 인간은 다른 동물에 비해 큰 용량의 뇌를 가지고 있으며, 도구를 사용하기 위해 두 발로 걷는 것에 익숙해지기 시작했다. 그러나 여전히 추위 및 더위 등의 외부 환경에는 취약할 수밖에 없었으므로 적극적으로 강가에 주거 시설을 만들어서 생활하기 이전에는 자연 동굴에서 생활했다. 이러한 역사적인 증거들은 세계 각지에서 발견되고 있으며, 이것들을 통해 그들의 생활상 및 의식주의 해결 방법 등을 유추해 낼 수 있다. 이렇듯 선사 시대 인간들의 생활을 고스란히 담고 있는 동굴을 통해 그들의 비밀을 캐내어 보자.

지하 공간의 두 얼굴(밀폐성)

오래전부터 지하 세계는 우리들에게 특별한 편의를 제공해 왔다. 주로 재해나 전쟁의 피해를 피할 수 있는 대피소 위주로 지하구조물이 건설되어 왔지만, 최근 들어서 도시 인구의 밀집 현상 및 땅값 상승 때문에 수직 공간의 활용을 위한 지하 세계의 개발은 더욱 활발해지고 있다. 또한 빌딩의 고층화 추세로 건물의 구조적 안정성을 위한 건물 기초부의 깊이는 더욱 깊어지고, 그 공간은 대형 마트나 대형 쇼핑몰에서 활용되는 것처럼 지하 주차장이나 점포로 사용되고 있다. 그 외에도 바깥 기온에 관계없이 공사를 진행할 수 있어서 공사 기간의 단축 효과도 볼 수 있을 뿐 아니라 지상에서의 환경오염 증가, 님비(NIMBY) 현상 등에 의해 더욱 각광받고 있다.

건설공학자들이 뽑은 21세기의 '4대 뉴 프런티어 공간'인 초고층, 지하, 해양, 우주 중 지하 공간은 현시점에서 가장 효율적이고 활용도가 높은 공간이다. 하지만 무궁무진한 이용 가능성이 있는 지하 공간도 적절한 설계와 안전 대책이 없으면 우리에게 크나큰 재해가 될 수 있다.

대표적으로 2003년 2월 18일에 발생한 대구 지하철 화재 참사가 그것이다. 2003년 9시 52분 55초에 발생한 대구 지하철 화재 참사는 방화범이 자신의 몸과 객차에 휘발유를 뿌리면서 시작되었다. 그 뒤 화재가 발생한 1079호의 승객 대부분은 대피했고, 9시 53분쯤 화재 경보가 울렸으나 당시 기계설비 사령실에 근무하던 직원들은 고장이 잦았던 경보를 무시했다. 이에 마주 오던 한 량의 객차에 불길이 옮겨 붙어 큰 인명 피해가 발생했다. 이렇듯 한 사람의 방화에 의해 지하철 내에서 발생한 화재는 사

망 192명, 부상 148명의 큰 재해를 우리에게 가져다주었다.

이와 같은 터널 화재 사고는 국내외를 불문하고 매우 빈번하게 발생한다. 〈표 1〉
은 해외에서 발생한 주요 터널 화재 사고를 정리한 것이다. 사용자들의 부주의로
발생하는 사고가 대부분이며, 작은 실수이지만 인명 및 물질적인 피해는 실로 엄청
나다.

<표 1> 주요 터널 화재 사고

터널명	Caldecott	Isola delle Femin	Channel Tunnel	Mont-blanc	미즈코시	Gotthard
장 소	미국	이탈리아	영국-프랑스	프랑스-이탈리아	일본	스위스
연장(m)	1,028	148	100,000	11,600	2,370	16,900
발생연도	1982	1996	1996	1999	2000	2001
차종 · 적재 재료	승용차 1대, 3만 3,000L 적재 트럭	액화 가스 적재 트럭, 소형 버스	열차 적재의 대형 화물	소맥분, 마가린 적재 트럭	염화비닐	타이어 탑재 트럭
원인	추돌	추돌	무개차 양측 탑재의 화물에서 발화	엔진오일 누출	내벽에 추돌	추돌
소화 소요 시간	2시간 40분	–	–	–	1시간 40분	37시간
사상자(명)	사망 7, 사상 2	사망 5, 사상 20	사상 6	사망 39	사망 19	사망 20
피해 차량	트럭 3대, 버스 1대, 승용차 4대	탱커 1대, 버스 1대, 승용차 18대	화물 운반차 1대	트럭 23대, 승용차 10대	2톤 트럭 1대	트럭 15대
구조체 · 설비 피해	천장, 측벽부 손상 100MW급 대규모 화재	2.5일간 터널 폐쇄	터널 연장 2km간 라이닝 콘크리트 박리	900m 천장 손상, 철근 노출	아치에 거북 등형의 균열	250m 구간 천장부 콘크리트 붕괴

　현대사회에서 가장 대표적인 지하구조물인 지하철은 전 세계의 대도시에서 심각한 교통난을 해결하는 데 가장 큰 역할을 담당하고 있지만, 이처럼 지하 공간의 적절치 못한 설계와 안전 대책은 더 큰 손실을 불러온다.

　사람들이 많이 모여 있는 지하 공간이 가장 큰 위험에 노출될 때는 대구 지하철 화재 참사와 같이 화재에 의한 재해가 발생할 때이다. 그 이유로는 여러 가지가 있지만, 가장 중요한 원인은 지하 공간이 그 가장 큰 장점인 외부와 단절된 폐쇄 공간이라는 것 때문이다. 일단 폐쇄 공간에서 화재가 발생하면 산소 밀도가 낮은 지하에서는 산소 공급이 원활하지 않아 급격한 연소가 이루어지지 않는 반면, 연소 과정 중 불완전 연소가 활발하게 일어나기 때문에 유해한 가스와 연기, 일산화탄소의 발생량이 급증하게 된다. 한편 창이 없기 때문에 충분한 환기가 이루어지지 않으며, 내부 상태를 알기 어려워 화재 진압 및 구조 작업에도 많은 어려움이 발생한다.

　지하철뿐만 아니라 지하상가 같은 지하 공간들은 항상 많은 사람이 붐비는 곳이고, 지하에 있다는 생각 때문에 화재 발생 시 사람들이 당황하기 쉬워 더 큰 피해가 발생한다. 또한 지하 공간은 지상의 도로와 그 지하 공간과 연결된 건물들의 배치에 영향을 받기 때문에 지상의 건물에 비해 덜 규칙적으로 구축되며, 무질서하게 발달하게 된다. 따라서 비상시에 지하 공간 내에 있던 사람들의 방향 감각이 무뎌지며, 피난 시 가장 중요한 탈출구인 지상으로 통하는 계단을 찾는 일은 마치 미로를 찾는 것처럼 다른 지하 공간과 연결되는 계단과 헷갈리게 되면서 더욱 탈출하기 어려워진다. 그리고 각자 분리된 것처럼 보이는 지하 공간들은 통로를 통해 서로 연결되어 있어서 화재 시 연기나 화염이 그 통로를 통해 이동하면서 일체화된 지하 공간으로 재난 범

위가 확대된다.

따라서 앞으로 우리가 무궁무진한 개발 및 이용 가능성이 있는 지하 공간을 안전하고 효율적으로 사용하기 위해서는 다음의 몇 가지 중요한 요소들을 고려해야 한다.

첫 번째로 화재 시뿐만 아니라 평소 이용 시에도 가장 중요한 환기 문제를 고려해서 설계해야 한다. 지하 공간에는 창이 없고 사방이 땅으로 둘러싸여 있기 때문에 자연적인 환기가 이루어지지 않으므로 많은 먼지와 오염 물질, 세균이 항상 존재하고, 그것들이 내부의 사람들에게 악영향을 끼친다. 그러므로 인공적인 환기 시스템으로 내부의 공기를 외부의 공기와 교환해야 하며, 화재 시에는 연소에 의해 발생하는 유독 가스를 신속히 배출해서 내부 인원들의 피해를 최소화하는 것이 필요하다. 그래서 모든 지하구조물에는 배기 덕트가 설치되어 있지만, 그것은 평소에 내부 공기의 순환 작용에만 약간의 효용성을 발휘하지 화재 시에는 그다지 큰 실효성을 발휘하지 못한다.

그렇다면 다람쥐의 일종인 프레리도그의 경우를 살펴볼 필요가 있다. 프레리도그는 그들의 주거지인 땅속 굴에 자연 조건을 이용해 폭우 및 악취, 연기 등에 대비한 최적의 환기 시스템을 갖추어 놓는다. 그들은 소규모의 굴들을 서로 유기적으로 연결하여 생활하는데, 다른 종류의 지하 생물과는 다르게 출입구를 낼 때 환기를 고려해 만든다. 대개 땅속 생물체를 사냥할 때 폐쇄된 공간을 이용해 출입구에 불을 피워 연기로 내부의 생물체를 외부로 유인하는 방법을 사용하지만, 프레리도그는 그들의 지하 세계를 구축할 때 약간 비탈진 곳을 이용해 고저 차가 발생하도록 출입구들을 만들므로 높은 쪽의 출입구를 향해 유해한 공기는 신속히 빠져나가고 동시에 낮은 쪽의 출입구를 통해 깨끗한 공기가 유입된다. 따라서 그들은 유독 가스에도 안전할 수 있다.

두 번째로는 지하 공간의 '길 찾기(way finding)' 기능을 고려한 설계이다. 대부분의 지하 공간은 평소에 자신의 위치와 목적지를 찾아가는 길을 알기에는 너무 복잡하게 설계되어 있다. 그래서 그 속에서 종종 길을 잃어버리기도 한다. 그러므로 위급 상황 시 사람들이 패닉 상태에 빠지면 더욱 길 찾기는 어렵게 되고 더 큰 피해를 가져다준다. 따라서 대피로를 효율적으로 설계하고 내부 연결 통로와 비상탈출구는 알기 쉽게 표시하여 길 찾기를 용이하게 해야 한다. 또한 비상 통로는 일정 공간에 최대의 유동 효율을 확보하여 최대한 동선을 짧게 만들어서 비상시 현장 이탈을 용이하게 해야 한다.

우리나라 석기 시대의 동굴 유적

　지구 상에 인류가 출현하여 도구를 만들고 사용한 시기를 고고학상의 시대 구분으로 석기 시대라고 한다. 이 시대의 문화는 우리나라 함경북도 웅기에 있는 굴포리, 평안남도 상원에 있는 검은모루동굴, 제주도 어음리의 빌레못동굴과 경기도의 연천 전곡리 등지에서 조사·보고된 바 있었다.

　이 중 빌레못동굴은 천연기념물 제342호로 지정된 용암 동굴로서 총 길이가 11km이며, 주굴의 길이만 2.9km이다. 동굴 입구는 해발고도 230m의 대지에 있는 함몰구(陷沒口)로서 20m가량 내려가면 대체로 서쪽 방향 또는 북서 방향으로 뻗은 터널이 전개된다. 이는 용암 동굴로서는 매우 거창하고 복잡한 구조를 지닌 동굴로 웅장한 직류형인 주굴과 2·3층으로 교차되는 미로형의 가지굴이 복합 발달된 것이다. 속

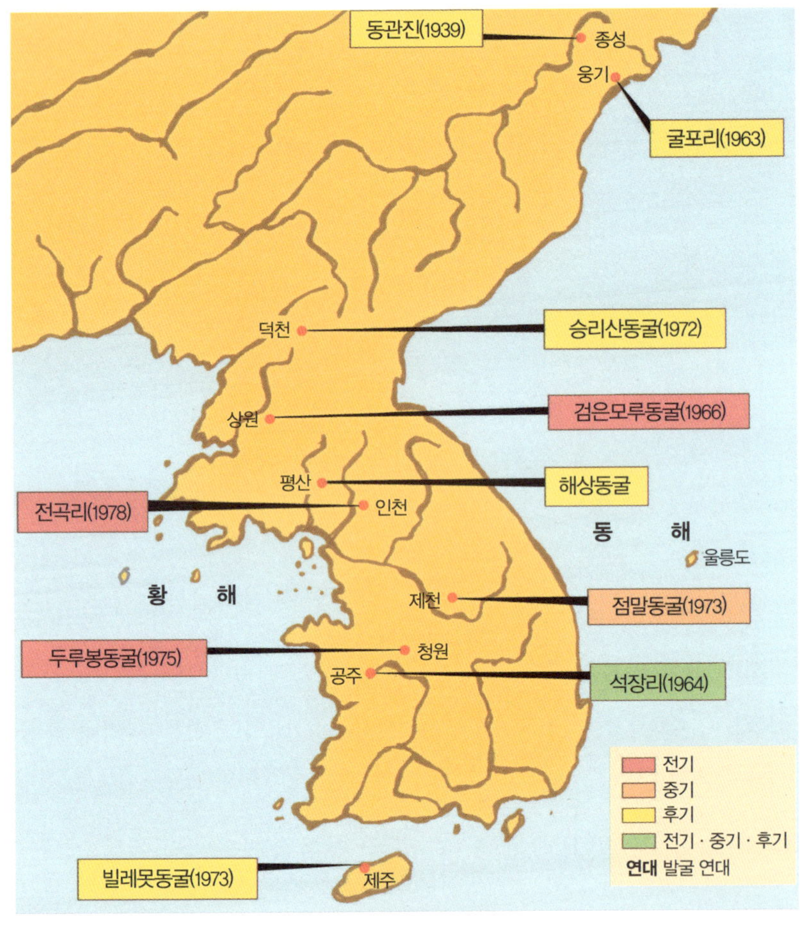

구석기 시대의 유적지

칭 '소라굴'이라고도 불리는 이 동굴은 나선상으로 발달한 공동(空洞 : 텅 빈 골짜기)의 형태가 희귀한 것으로 알려져 있으며, 동굴 내부의 특수 지형으로는 용암 표면에 생긴 용암수형 등이 있다. 이 동굴은 그 구조나 형태 면에서 중요시될 뿐만 아니라 선사 시대의 동굴 주거 유적으로서의 석기, 목탄류와 순록·황곰 등의 동물 화석이 발견되어 제4빙기(4만~3만 5,000년 전)가 한국을 거쳐 갔다는 것을 증명한다.

한편 1984년부터 7년간 전남 지역에서 진행된 주암댐 공사를 통해 화순에도 구석기인이 거주했음을 확인할 수 있게 되었다. 수몰지 일대의 지표 및 문화 유적의 조사 결과, 뗀석기가 발굴되어 학계의 지대한 관심을 불러일으킨 것이다. 구석기 시대란 자연석을 두드리고 부수어서 만든 도구를 사용한 시기이다. 처음에는 원(元) 석괴에서 떼어 낸 편석들이었으며, 이후에는 수렵 도구인 주먹도끼, 찌르개 등 용도에 따라 여러 가지 석기를 만들어 사용했다. 현재 구석기 시대의 구체적인 문화상을 정확히 파악하지는 못하고 있다. 주로 석회암 동굴 등 자연 동굴에 거주하면서 수렵을 했고, 날씨가 풀리는 절기에는 강변에 나가 어로 활동도 했을 것으로 추측하고 있을 뿐이다.

벙커와 벙커 버스터

벙커

벙커(bunker)란 대공 방호된 지하호를 말한다. 여러분들도 영화나 뉴스에서 한 번쯤은 들어 봤을 만한 군사 시설물일 것이다. 외부와 철저히 단절된 지하 공간은 외부의 충격에도 큰 영향이 없고 은밀하다는 특성이 있다. 이 때문에 과거부터 비밀 군사 기지, 요새나 대피소 등의 용도로 지하에 이런 시설물들이 많이 만들어져 왔다. 현대의 전쟁 시 주요 공격 방법인 미사일 공격 등에 대비하기 위해 첨단 기술 등을 결합하여 더욱 깊게, 더욱 튼튼하게 만드는 등 최근에도 벙커는 대피 및 방어 수단으로 널리 활용되고 있다. 여기에서는 세간의 입에 오르내렸던 몇몇 벙커에 대해 이야기해 보겠다.

통일 전의 동독에서는 전국에 걸쳐 지하 벙커들이 만들어졌다. 그중 베를린에서 북쪽으로 20km 정도 떨어진 프레덴(Preden) 지역의 벙커는 동독 최대의 규모로서 안전한 방어 시스템을 갖춘 벙커로 유명하다. 이 벙커는 전시에 국가를 지휘할 목적으로 만들어졌다. 지하로 연결된 200m 길이의 터널을 통과해야 벙커 내부에 도달할 수 있었고, 지하 3층에 걸쳐 9만 6,000㎡의 면적에 170여 개의 방을 갖추고 있었다.

또 전쟁 지휘 시설은 물론 통신실, 물탱크, 전기실, 기름 탱크를 갖추고 있어서 외부와 단절된 채 완벽하게 전쟁을 지휘할 수 있도록 준비되어 있었다. 그리고 7m의 콘크리트 벽과 철판으로 둘러싸여 있는 데다가 충격을 흡수할 수 있는 완충 장치가 설치되어 있어서 제2차 세계대전 당시 히로시마에 투하되었던 원자폭탄보다 더 강한

핵폭탄에도 견딜 수 있게 만들어졌다고 한다.

　우리가 살고 있는 서울시의 한복판에도 여러 개의 지하 벙커가 존재한다. 얼마 전 언론을 통해 공개된 한미연합사령부 지휘통제소[일명 탱고(Tango)]로 쓰이는 지하 벙커가 대표적이다. 한강 이남의 ○○산 민간인 통제 구역의 단단한 화강암 터널 속에 위치한, 내부가 고강도 콘크리트와 강철 구조로 지어진 이 시설물은 핵 공격은 물론 생화학 공격에도 견딜 수 있는 것으로 알려졌다. 또 그 규모는 대단히 커서 전체 면적은 수천 m²에 이르고, 내부에서 소형 전기 배터리 차량을 이용해 이동한다고 한다. 그리고 회의실, 의무실 등은 물론 상하수도, 전기 시설 등이 잘 갖추어져 있어서 외부와 단절된 채 2개월 이상 생활할 수 있고, 최첨단 정보 시설이 갖추어져 있어서 전시에 군 지휘를 완벽히 수행할 수 있다고 한다. 이 밖에도 서울에는 주한 미군이 운용 중인 'CC서울', '오스카' 등의 지하 벙커와 한국군이 운용 중인 'B-1', 'B-2' 지하 벙커가 있다고 한다.

벙커 버스터

　적의 공격에 대비해 지하에 벙커를 지어 요새화함에 따라 이를 효과적으로 공격하려는 무기인 벙커 버스터(bunker buster)도 개발되었다. 이 무기는 깊은 땅속을 뚫고 들어가서 지하의 원하는 지역에서 폭발하도록 만들어졌다.

　벙커 버스터는 인공위성이나 폭격기의 레이저를 이용한 유도 시스템에 의해 목

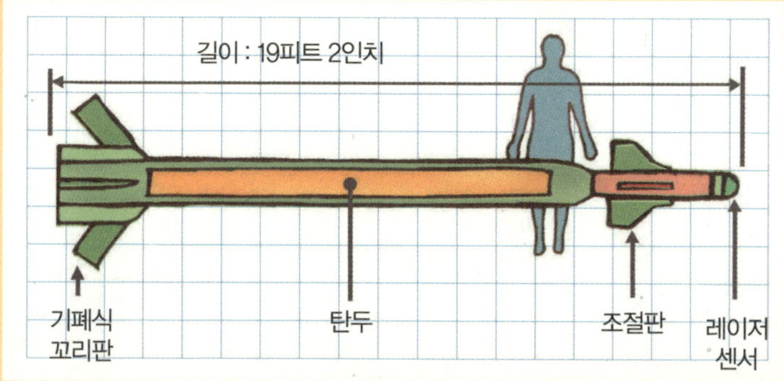

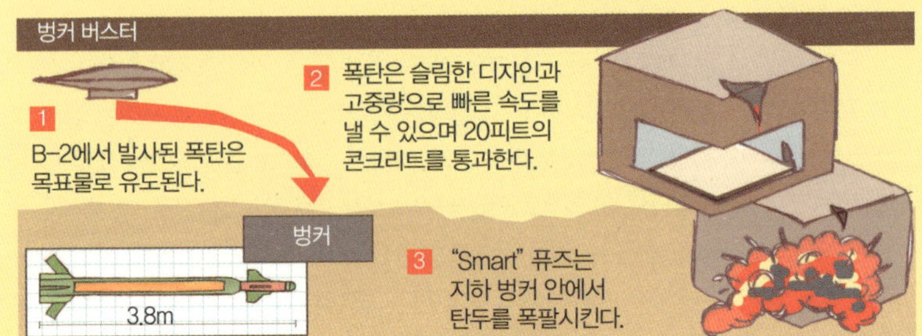

표물로 유도된다. 아주 높은 상공에서 매우 무거운 질량을 가진 이 물체가 떨어지면 지표면 근처에서는 엄청난 운동 에너지를 가지게 되고, 이 에너지를 이용해 지하의 목표 지점에 도달할 수 있다.

이때 지표면과 충돌할 때의 큰 충격에도 폭발물이 폭발하지 않는 이유는 특정 깊이의 목표물에 도달할 때까지 폭발을 지연시키는 장치가 되어 있기 때문이다. 이 무기는 대단히 강한 재료로 만들어졌으므로 땅속으로 관입하는 동안의 심한 충격에도 견디어 폭약을 목적지까지 그대로 운반할 수 있다.

벙커 버스터는 걸프 전쟁 때 지하 30.5m의 벙커에서 전쟁을 지휘하던 이라크 사령부를 효과적으로 공격하기 위해 개발되었다. 이후 여러 차례의 개조를 통해 1999년의 유고 공습에, 2001년 미국의 아프가니스탄 산속 동굴 기지 공격에, 그리고 2003년에는 이라크의 공격에 사용되었다. 최근에는 더욱 발전되어 지하 60m 아래의 목표물까지 파괴할 수 있게 되었다.

02

고대와 중세 지하 도시의 인공 동굴 탐험

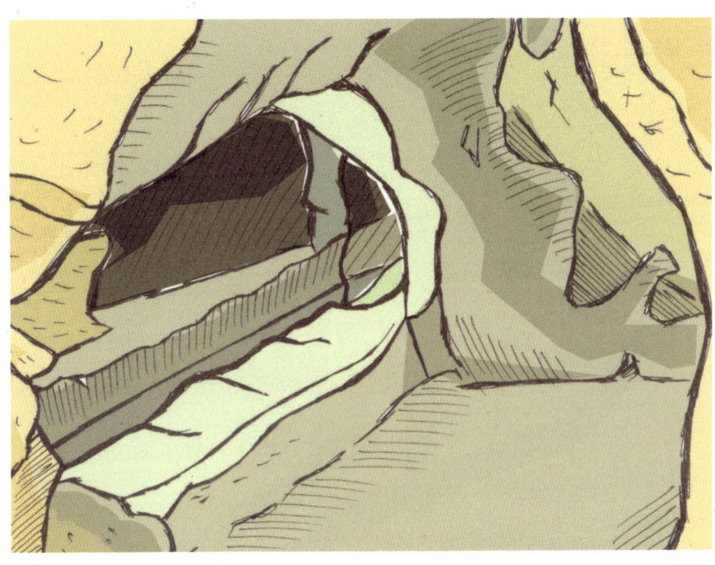

　시간이 흐름에 따라 지하 공간에 대한 인간의 활용은 큰 변화를 맞게 된다. 원시인들은 자연적으로 발생한 동굴 그대로를 그들의 삶의 터전으로 사용했지만, 고대와 중세로 시대가 옮겨 감에 따라 보다 적극적으로 지하 공간을 사용하려는 흔적들을 세계 곳곳에서 발견할 수 있다. 이 책에 소개된 터키 및 이탈리아, 중국 등의 지하 도시는 그중 극히 일부분이지만 규모나 특성으로 보아 대표적인 사례들이다. 이러한 지하 도시는 기후 및 땅을 구성하는 재료의 차이에 따라 발전하는 형태들이 다르게 나타나게 된다. 현대에도 상상하기 힘든 깊이의 지하 세계를 구축한 우리 조상들은 현대와 달리 지하 공간의 제약들을 자연현상을 통해 극복했다. 동서를 막론하고 선인들의 지혜는 첨단 기술을 능가하고 있는 것이다. 지금으로부터 몇 세기 전에 지하 100m가 넘는 곳에서 인간이 거주했다면 믿을 수 있을까? 현재의 기술로도 구축하기 힘든 거대한 지하 도시를 인류의 조상들은 자연을 효과적으로 이용함으로써 인간이 생활할 수 있는 공간으로 탈바꿈시켰다. 이번 장에서는 고대와 중세의 지하 도시를 실제 사례를 통해서 살펴보겠다.

카파도키아(Cappadocia) 동굴 수도원은 터키의 아나톨리아(Anatolia) 고원 남동부 카파도키아 지방에 있는 수도원 및 성당으로서, 응회암이 침식되어 형성된 수천 개의 기암에 굴을 뚫어 만든 것이다. 4세기에 만들어진 듯한 이곳은 그 최성기가 11세기로 알려져 있다. 내부는 대부분

카파도키아

카파도키아의 전경

소박한 벽화로 장식되어 있으며, 여러 세기를 걸친 그 속의 유적들은 그리스도교 미술사에서 주목받고 있다. 이 지방은 4세기 후반에 동방의 그리스도교 사상과 수도(修道) 제도의 발전에 큰 역할을 했는데, '카파도키아의 세 별'로 칭송받은 3교부의 고향이었다는 점도 수도원을 많이 축조하는 데 힘이 되었던 것으로 보인다.

세계자연유산으로 지정되어 있는 카파도키아는 화산 폭발이 만들어 낸 화산재가 장기간의 풍화 작용을 거치면서 형성된 자연에 인간의 노력이 더해져 이루어진 도시이다. 그리하여 매우 특이한 모양을 갖추게 된 이곳은 마치 화성에 온 듯한 느낌을 주는데, 버섯 모양의 바위들과 수십 미터까지 파고 들어간 지하 도시가 그 특징이다. 그렇다면 카파도

데린쿠유의 내부

키아에 이와 같은 지하 도시를 건설한 이유는 과연 무엇일까? 그 시대적 배경과 건설 원리 및 과정에 대해 보다 구체적으로 살펴보자.

터키의 카파도키아에는 오랜 세월 동안의 침략과 박해를 피해 곳곳에서 도망쳐 온 기독교 신자들과 수도승들이 모여 대피소로 이용해 온 데린쿠유 같은 지하 동굴들이 수십 개나 연결되어 있다. 카파도키아 지방은 주황색, 흰색, 자주색, 갈색 등 형형색색의 바위들과 수백 개 이상의 기묘한 바위산으로 이루어져 있는데, 초기의 기독교 신자들은 이 기이한 바위 밑으로 거대한 지하 도시를 건설했던 것이다.

카파도키아는 주로 화산재가 눌려서 붙어 이루어진 비교적 덜 단단한 응회암으로 이루어져 있어서 굴착 공사가 비교적 용이하다. 따라서 이 지역에는 현재까지 약 200여 곳 정도의 지하 도시가 있는 것으로 알려져 있는데 데린쿠유(Derinkuyu), 카이마클리(Kaymakli), 마지코이(Mazikoy) 등은 그중에서도 가장 유명하다. 지하 도시의 일부는 4,000년 전인 히타이트(Hitite : 시리아 북부를 무대로 하여 기원전 2000년경에 활약했던 인도 유럽계 민족) 시대까지 거슬러 올라가며, 후에 기독교인들이 동굴 위에 집을 짓고 피신처로 이용했다고 한다. 당시 피난민들이 늘어나면서 더 큰 공간이 필요해짐에 따라 옆으로 혹은 아래로 계속 파 들어가 복잡한 미로의 형태를 띠게 되었고, 기원전 7세기경까지는 사람들이 대부분 거주했던 것으로 추측되고 있다.

이들은 평화로운 때에는 주로 지상에서 농사를 지으며 살다가 적들의 공격이 가해지면 가축까지 전부 데리고 지하로 피신해 생활했으며, 수만 명이 약 6개월에 이르는 기간 동안 머무를 수 있었다고 한다. 오밀조밀한 구멍이 숭숭 뚫린 지하 도시에는 부엌, 물통, 교회, 가축 우리, 포도주 짜는 곳 등등 생활의 흔적이 가득하다. 또한 침입자에 대비한 부비트랩이나 굴려서 막는 돌문 등도 적잖이 볼 수 있다. 보고에 의하면 장장 10km나 떨어져 있는 데린쿠유와 카이마클리 사이에 통로가

데린쿠유의 단면도

있다는 설도 있지만, 아직 발견되지는 않았다.

카이마클리에서 남쪽으로 10km 떨어진 데린쿠유의 지하 동굴은 최대 4만 명까지 수용할 수 있는 대규모 도시이다. 1968년에 발견된 이곳에는 수많은 환기용 터널, 우물, 물탱크 및 출입용 터널 등이 광대한 망을 이루고 있다. 도시 내부에는 부엌, 거실, 창고, 회의실, 공동묘지, 교회, 연결 회랑 등 다양한 시설들이 완전하게 갖추어져 있다. 그러나 아직도 지하 도시 전체에 대한 규모는 정확하게 알려지지 않은 상태이며, 현재 공개되고 있는 위치는 55m의 깊이에 1,500m²의 넓이에 달하는 지하 8층까지이다.

적의 공격을 피하기 위해 개미굴 같은 구조를 이루고 있는 이곳은 지하 120m까지 공간을 확보하고 있으나 여타의 층이 더 있음은 물론이고, 주변의 다른 지하 도시와도 연결되어 있는 것으로 추정되고 있다. 제일 아래층은 우물인 경우가 많은 까닭에 '깊은 샘' 이라는 의미의 데린쿠유로 불리고 있다. 데린쿠유 마을은 1962년까지 이 우물들을 실질적인 수원으로 이용해 왔으며, 아직 그 의존도는 상당히 크다고 한다.

데린쿠유에는 각 층마다 그 깊이를 알 수 없는 큰 구멍이 있는데, 이는 우물의 역할뿐만 아니라 환풍기 및 통신 수단으로도 쓰였다고 한다. 각 층의 내부를 살펴보면, 지하 1층은 축사에 필요한 물이나 사료 등의 저장고로 사용되었을 것으로 추정된다. 축사 옆으로는 포도주 양조장이 있는데, 위쪽 구멍을 통해 포도를 떨어뜨려 포도즙을 만든 후 구멍을 통해 아래쪽으로 흘러내리게끔 장치했다. 또한 신학 교실 및 학생들의 공부방도 확인할 수 있으며, 지하 2층은 초기 기독교인들의 피난처

데린쿠유의 지하 교회

로 이용되었을 것이란 추측이 지배적이다. 뿐만 아니라 부엌, 창고, 침실, 포도즙 틀, 화장실 등도 모두 지하 2층에 위치해 있다. 지하 3층은 대체로 창고의 용도로 쓰였는데, 군데군데 우물과 연결된 통로가 있는 곳도 있다. 또 지하 4층의 몇몇 공간은 출구로 연결되기도 하며, 주거 공간이 있기도 하다.

길고 좁으며 높은 터널이 구불구불하게 연결되어 있는 지하 3층에서 5층까지의 중간에는 돌로 된 문이 설치되어 있다. 지하 3~4층에는 거주지와 성당, 병기고, 터널 및 고해소 등이 있으며, 그 외에 흥미로운 것은 죽은 자의 시신을 보관하는 곳이 마련되어 있다는 점이다. 환기 통로가 있는 지하 5층은 지상으로 연결되어 있으며, 지하 5층과 6층 사이의 통로 곁에는 거주를 위한 방들이 설계되어 있다. 그리고 통로 곳곳에는 조명을 위해 작은 구멍을 파서 촛불이나 기름 등잔을 올려놓곤 했다.

지하 7층에는 3개의 기둥이 받치고 있는 십자가 모양의 넓은 공간이 있다. 10m의 폭에 길이가 25m이며, 3.5m에 이르는 높이를 자랑하는 이곳은 교회로 사용되었다. 지하 8층에는 작은 방들과 환기 통로들이 있다. 한편 지하의 각 도시들을 연결해 주는 터널 중에는 길이가 9km에 달하는 것도 있으며, 서너 명이 가로로 나란히 서서 걸을 수 있을 정도로 폭이 큰 공간도 있다.

데린쿠유의 통로는 가로 3m, 높이는 2m 정도이고, 복도의 측면마다 침실, 식량 저장고, 물 저장소, 포도주 저장소, 사원들, 교회로 쓰였을 방과 공터들이 있다. 그리고 모든 층에 땅 위와 연결되는 통풍관이 설치되어 있다. 데린쿠유 지하 도시에는 무려 1,500개의 통풍관이 있는데 2.5~3m 거리의 땅을 뚫고 첫 번째 층과 연결되어 있고, 그중 52개의 통풍관은 지상에서 60~70m 아래까지 내려가고 있다. 통풍 시설은 물론 세탁이나 목욕 등에 용이하도록 배수 시설도 마련해 놓았다. 그리고 지하 도시의 내부는 항상 7~8℃를 유지하고 있다. 현재 관광지로 개발되어 있는 이 대형 지하 도시는 지하 8층까지만 개방되고 있다.

암반을 뚫는 두더지, TBM

두더지가 생활공간이나 이동경로를 확보하기 위해 땅을 파는 것처럼 TBM은 지반을 굴착하여 터널을 만든다. 터널은 크게 발파와 기계 굴착에 의한 방법으로 만들어진다. 발파는 만화나 영화에서 흔히 볼 수 있는 것처럼 폭약의 파괴 에너지를 이용해 지반을 굴착하고 터널을 만들어낸다. 기계 굴착은 암반을 쪼개거나 파쇄할 수 있는 커터(cutter)를 이용해 기계적으로 터널을 굴착하는 방법으로, 특히 터널 전체의 지반을 거대한 원형의 커터를 이용해 굴착하고, 지나가는 자리에 곧 바로 터널을 만드는 TBM이라는 기계 장치를 최근에 많이 사용하고 있다.

TBM 사용은 어떠한 장점을 가지고 있을까? TBM은 발파 공법에 비해 소음과 진동이 없으며 터널 시공을 원형으로 굴착하기 때문에 가장 안전한 터널을 만들 수 있다. 즉, TBM은 불가능을 가능하게 하는 똑똑한 '터널용 두더지'라고 생각하면 이해하기가 한결 쉽다. 영국과 프랑스 사이의 도버해협을 횡단하는 유로터널 중 38Km가 바로 이 TBM 공법으로 만들어졌고, 국내에서도 지하철이나 수로 터널, 도로 터널 등에 많이 사용되고 있다.

인력으로 터널을 굴착하기에는 여러 가지 위험과 많은 비용 및 시간이 소요된다. 실제적인 터널 굴착 및 설치 전 과정을 기계적으로 수행하는 TBM은 발파가 어려운 해저 터널과 같이 수압이 크고 물의 유입이 심해 인력 작업이 어려운 곳, 그리고 단

TBM

정적인 문제로 큰 무덤을 만들지 못하고 땅에 매장하는 방법을 택하게 되었다.

처음에는 지표에 무덤을 만들었으나 매장지에 한계가 생기자 차츰 밑으로 내려가며 무덤을 만들기 시작한 것이 지하 공동묘지의 시작이 되었고, 이 지하 묘지를 카타콤(Catacomb)이라고 부른다. 이는 원래 그리스어의 '카타콤베'로서 '낮은 지대의 모퉁이'를 뜻한다. 로마 아피아의 큰 길거리에 면한 성(聖) 세바스티아누스의 묘지가 두 언덕 사이에 있었기 때문에 3세기에 이 묘지의 위치를 표시하기 위해 이 이름을 사용하게 되었다.

로마에는 성 밖에 35개 정도의 카타콤이 있으며, 총 길이는 900km를 넘는다고 한다. 300여 년 동안 카타콤에 묻힌 시신은 약 600만 구로 추정된다. 카타콤의 구조를 보면, 지하 10~15m의 깊이에 대체로 폭 1m 미만, 높이 2m 정도의 터널을 좌우로 뚫어 계단을 만들어서 이를 여러 층으로 이어 가고 있다. 또한 터널의 곳곳은 넓은 방처럼 되어 있어서 교황이나 주교 등 지도자들의 묘실로 사용되었고, 나머지는 터널의 벽면에 시체를 두는 벽감을 규칙적으로 설치했다. 그리고 벽감이나 터널

카타콤의 내부

단한 암반부터 연약한 점토질 지반까지 다양한 상태의 지반에 대해 터널 제작이 가능하므로, 이를 이용한 터널 공사는 최근 그 필요성이 더욱 높아지고 있다. 그러나 설비투자액이 크고 지반 상태가 급변하는 지역을 통과해야 하는 경우 적절한 대처 방법이 없다는 점이 단점으로 지적되고 있다. 두더지가 땅을 파내려가기 위해서는 튼튼한 발톱이 필요한 것처럼, TBM은 대상 지반 굴착을 위한 적절한 원형판(cutter head) 위의 커터 종류, 개수 및 배치를 달리하게 제작된다. 따라서 터널공사 중간에 이미 제작된 TBM의 굴착 능력보다 더 단단한 지반 조건을 만나게 되면 공사를 진행하기에 매우 곤란한 상황에 처하게 된다.

이제부터 TBM이 어떠한 과정을 통해 암반을 뚫는지 알아보도록 하자. TBM 공법은 TBM을 사용해 터널을 만든다는 것을 제외하면 일반적인 터널 굴착과 같은 개념이다. 터널의 굴착 단면에 맞는 원형 천공기(cutter head)를 사용해 터널을 뚫고 이를 뒤따라가면서 숏크리트(shotcrete: 암반 굴착 면이 굴착 직후 변형되는 것을 방지하기 위해 굴착 후 암반 면에 급하게 굳어지는 콘크리트를 분사하는 작업) 작업을 병행하거나(Open TBM), 굴착면 뒤에 튼튼한 원형 통(Shield)을 설치하고 그 안에서 원형 세그먼트를 조립하여 바로 터널을 완성하는 방법(Shield TBM)을 이용해 터널 단면의 안정성을 보강한다. TBM이 작동하는 모습은 마치 거대한 지렁이의 움직임과 비슷해 보인다. 땅속에서 돌을 부수고 먹어 치우는 모습(지반굴착, 파쇄) 그리고 지나간 자리마다 땅속에 튼튼한 굴이 생기는 모습(숏크리트 작업, 세그먼트 설치)을 상상해보라.

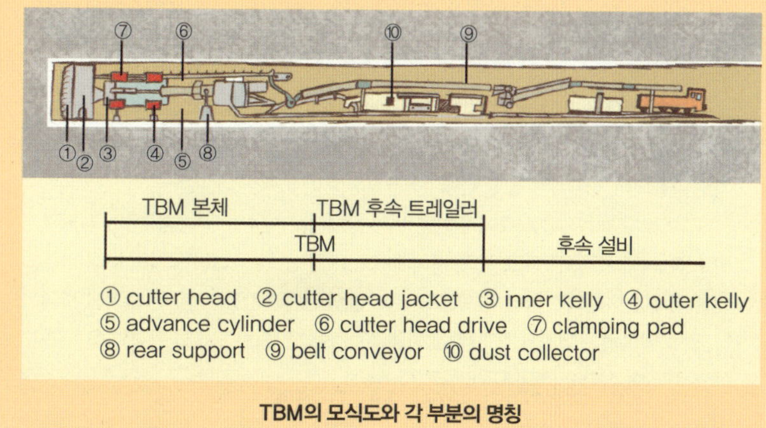

TBM의 모식도와 각 부분의 명칭

TBM은 기계 본체와 그 작동을 돕는 후속 트레일러, 그리고 버력(작업 후 버려지는 돌) 반출을 위한 후속 설비(back up)로 구성되어 있다. 사람의 신체가 각각 다른 역할을 하듯이, 거대한 몸집의 TBM도 각각 하는 일이 정해져 있다. TBM의 머리, 몸통, 꼬리가 각자 어떤 일을 하는지 알아보자('TBM의 모식도와 각 부분의 명칭' 그림 참조) . 커터 헤드(Cutter Head)라고 불리는 머리(그림의 ①)는 머리에 붙은 절단기(Cutter)의 압축력과 회전력에 의해 암석을 부서 버리고, 그것을 ③의 이너 켈리(Inner Kelly) 내의 벨트 컨베이어(Belt Conveyor)에 적재해 뒤쪽으로 배출시킨다. 여기에서 벨트 컨베이어는 마트에서 장을 볼 때 계산대에서 물건을 올려놓으면 계산원에게로 흘러가게 하는 기계를 생각하면 이해가 수월하다. 커터 헤드 재킷(Cutter Head Jacket, 그림의 ②)은 덮개 역할로 커터 헤드와 버킷(Bucket, 양동이 같은 도구)을 둘러싸고 있으며, 터널 벽 쪽에서 떨어지는 암석을 막아준다. 또한 커터 헤드 뒤쪽에서 지보재 설치 작업(터널 붕괴를 막기 위한 재료의 설치 작업)을 용이하게 해주며, 터널을 파는 도중에는 커터 헤드를 지지하여 본체가 진동하는 것을 잡아준다. 이너 켈리(그림의 ③)는 어드밴스 실린더(Advance Cylinder, 그림의 ⑤)의 작동에 의해 커터 헤드를 앞쪽으로 전진시키고, 커터 헤드 드라이브(Cutter Head Drive, 그림의 ⑥)는 커터 헤드를 회전시키는 일을 한다. 그리고 아우터 켈리(Outter Kelly, 그림의 ④)는 이너 켈리를 감싸고 있으며, 클램핑 패드(Clamping Pad, 그림의 ⑦) 장치가 터널을 굴착할 때 본체를 지지한다. 기 굴착된 터널 벽면에는 패드(Pad, 마찰 손상을 막는 경우에 사용)로 지지하여 TBM을 굴착·전진시킨다.

후속 트레일러(몸통)는 체인 등에 의하여 기계 본체에 끌려 다니면서 굴진 시에 생긴 분진(터널 굴착 시 생기는 모든 먼지)을 처리하는 장치가 설치되어 있으며, 상부에는 버력 반출을 위한 벨트 컨베이어가 설치되어 있다. 마지막으로 후속 설비(꼬리)는 터널 내의 버력 처리를 위해 버력 처리용 차가 진행할 수 있도록 여러 개의 객차로 구성되며, 상부에는 벨트 컨베이어가 설치되어 버력을 이송한다.

국제터널협회(ITA)의 자료에 의하면 세계 각지에서 시공된 터널 중 30% 정도가 TBM에 의해 시공되었다고 하며, 국내에서도 1985년 본 공법이 도입된 이래 많은 터널 공사에 적용되고 있다. 앞으로도 터널 굴착 공사에 TBM 사용이 늘어날 것이다. 만약 땅속의 두더지가 TBM이 암반을 뚫어 굴을 만드는 모습을 본다면 그 재주에 놀라 스승 삼자고 졸라대지 않을까?

로마의 카타콤

로마에도 데린쿠유와 비슷하게 박해를 피해 기독교인들이 숨어도 했던 지하 무덤이 남아 있다. 이러한 지하 무덤은 나폴리, 시라몰타, 아프리카, 소아시아 등의 여러 지방에서 볼 수 있는데, 특히 근교에 많다. 로마 외곽에 이런 거대한 지하 무덤이 만들어지게 위는, 로마 시대에는 성안에 황제 이외의 무덤은 만들 수 없었기 이다. 때문에 많은 사람들은 성 밖의 교통이 편한 곳에다 무덤을 만들어야만 했다. 재력이 있는 사람들은 조그마한 집을 지어 무덤을 만들었으나 평민이나 노예들은 재

의 벽면 주위에는 빛을 밝히기 위해 벽에 구멍을 파서 등불을 놓았던 흔적도 찾아볼 수 있다.

여기에 남겨진 수많은 벽화는 고대 이교 미술(異敎美術)과 중세 그리스도교 미술의 변천 과정을 한눈에 볼 수 있어서 예술사적인 관점에서도 상당히 흥미롭다. 그 밖에 비석에 새겨진 글과 초대 그리스도 교도들이 예술의 상징으로 그린 물고기 그림 등이 남아 있다. 이는 로마 제국의 박해 시대에 그리스도 교도들의 피난을 겸한 예배 장소로도 이용되었다는 것을 말해 준다. 현재 그 유적 중에는 로마 시의 관광 코스에 포함된 것도 있으며, 순례자 등 방문객이 끊이지 않는다.

중세까지만 해도 지하 묘지로 알려진 것은 이 묘지뿐이었으나, 16세기에 초기 그리스도 교도의 지하 묘지가 발견되고부터는 모든 지하 묘지를 카타콤이라고 부르게 되었다. 이와 같이 지하에 묘지를 두는 풍습은 동방에서 전래되었는데, 그리스도 교도에 대한 박해가 심해지면서 지하 묘지의 풍습이 더욱 성행한 것으로 짐작되고 있다. 그러나 게르만의 침입 후 지하 매장을 하지 않게 되어 카타콤의 존재조차 알려지지 않고 있었던 것이다.

카타콤의 기능은 무덤으로만 끝나지 않는다. 네로 시대부터 기독교인들은 많은 박해를 받게 되었다. 자연히 신자들은 주위의 눈을 피해 로마의 성 밖에서 은밀히 모였는데, 그중에서도 지하 무덤 안이 가장 안전한 장소가 되었다. 기독교인들이 지하 무덤으로 피신하게 된 더 큰 이유는, 당시 로마법에 의하면 묘지는 함부로 침범할 수 없는 성역으로 간주되었기 때문이다. 따라서 그들은 로마군의 눈을 피해 지하 무덤에

카타콤의 건설 상상도

서 생활하게 되었고, 조금 넓은 공간을 만들어 그곳에서 종교 의식을 행하기도 했다. 그리고 신자들의 무덤도 그 안에 마련되면서 카타콤의 면적은 점점 더 늘어나기 시작했다. 기독교인이 종교의 자유를 얻은 313년까지 이러한 피신 생활은 계속되었다.

카타콤이 형성될 수 있었던 것은 로마 외곽의 지하가 특이한 암석층으로 이루어져 있기 때문이다. 이 암석층은 공기와 유착되면 표면이 금방 굳어서 무너지지 않는다. 그러므로 지하 5층 깊이의 무덤을 만들 수 있었던 것이다. 그리고 이 암석층을 이루는 흙은 공기를 스스로 정화하는 작용을 한다. 따라서 무덤인데도 시체 썩는 냄새가 나지 않아 사람들이 그곳에서 오랜 기간 피신해 있을 수 있었다. 그리고 통풍과 환기를 위해 곳곳에 지상으로 뚫린 통풍구가 있다. 이러한 통풍구를 통해 햇빛을 볼 수도 있었으며, 이것은 지상에 사는 기독교인 귀족들이 지하에 피신해 있는 기독교인들에게 음식물을 보급해 주는 일종의 통로 역할을 하기도 했다.

데린쿠유나 카타콤의 예에서도 알 수 있듯이 지하에 사람이 살기 위해서는 통풍과 환기, 조명, 급수 시설 등이 중요하다. 지하에는 햇빛이 들지 않으므로 생활 여건이 열악할 수밖에 없다. 따라서 사회의 지배 계층이 지하 도시를 건설한 예는 찾아볼 수 없다. 지배 계층에 쫓기는 사람들이 동굴이라도 있으면 피신해 살면서 더 지하로 굴을 파서 많은 피난민들을 수용하게 된 것이 지하 도시 건설의 유래인 것이다. 환기 및 통풍 시설들이 갖추어질 때 사람들은 소위 지하 도시라는 것을 건설하고 삶을 꾸려 나갈 수 있게 된다.

피로 파괴

피로(fatigue)란? 우리나라 속담 중에 '낙숫물이 바위를 뚫는다.'라는 말이 있다. 하잘것없는 노력이지만 꾸준히 정진한다면 힘든 목표라도 이루어 낼 수 있다는 뜻쯤 되겠다. 자, 옆에 있는 친구의 손등을 손가락으로 계속 쓰다듬어 보자. 5분? 10분? 금세 친구는 아프다며 하지 말라고 할 것이다.

다른 예로, 철사를 구부려 보자. 단단한 나무 같은 경우에는 구부리자마자 부러지지만 철사는 한 번으로는 어림도 없다. 한 번, 두 번, 세 번…… 횟수를 거듭할수록 구부려지는 부분에는 열이 발생하면서 결국에는 끊어지고 만다. 이와 같이 한두 번으로는 절대 치명적이지 않은 외부의 자극이 계속 반복될 때 자극을 받은 물체는 점점 약해지면서 처음과 다른 상태가 된다. 이러한 현상을 피로라고 이야기하며, 이에 의해서 구조물이 붕괴되는 것을 '피로 파괴'라고 한다.

지난 1994년, 우리는 믿을 수 없는 사고를 겪게 되었다. 출근, 등교 시간의 서울 한강을 지나는 성수대교가 무너져 내린 것이다. 교량 한 경간의 상판이 통째로 강으로 떨어져 내리면서 많은 사람들이 죽었다. 특히 등교 시간이었기에 학생들의 피해가 컸었다.

　성수대교 붕괴 사고는 사회적으로 안전 불감증이 만연해 있었던 데에서 기인한 것이고, 한번 지어진 구조물에 대해서는 관리를 소홀히 했던 잘못이 컸었다. 좀 더 공학적인 부분에 대해서 언급하자면, 교량 역시 설계 전에 4장에서 다룰 '로보트 태권 V의 지하 기지' 프로젝트처럼 그 목적을 파악하고, 어떠한 요소를 고려해야 하는지를 파악한 후에 설계를 실시하게 된다.

　그중 교량의 등급을 결정할 때 설계 하중을 고려하게 되는데, 이는 교량을 통과할 수 있는 최대 하중을 뜻한다. 물론 안전을 위해 그보다 더 큰 하중에도 견딜 수 있게 설계된다. 하지만 성수대교는 1970~1980년대, 1990년대의 낙후된 시설물 관리 시스템하에서 설계 하중을 초과한 하중을 수도 없이 겪었던 것이다.

　이러한 하중들이 반복되면서 교량 연결부에서 균열이 발생하게 되었고, 이 균열은 또다시 과적 차량들의 하중에 의해서 점차적으로 심화되었으며, 결국 파괴로 이어진 것이다. 상황이 이러니 언젠가는 이런 기사를 신문에서 볼 수 있을 듯하다. '계란으로 바위 깨다.'

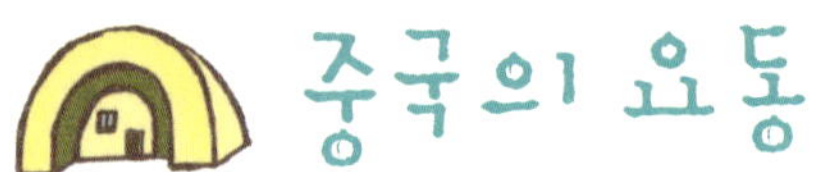

중국의 요동

중국 내륙의 북서부를 이루는 지역은 거대한 황토 지대이다. 이 황토 고원 지대에는 '요동(窯洞)'이라고 불리는 중국 고유의 동굴 주택이 형성되어 있다. 산서(山西), 섬서(陝西), 감숙(甘肅), 하남(河南) 등 이 지역의 주민들은 지질, 기후, 지형의 조건에 알맞게 독특한 주거 방식을 채택했던 것이다. 시베리아에서 불어오는 세찬 바람에 실려 온 누런 흙들의 퇴적으로 이루어진 이곳은, 두께가 200m에 달하는 황토가 지면을 덮고 있다. 수직으로 갈라지는 이 황토는 토질이 부드러워서 주거 동굴로 적합했다. 또한 광물질을 많이 포함한 점토질로 구성되어 있어서 압축과 건조 과정에서 매우 단단해지는 특징을 가지고 있다.

요동은 자연의 절벽에 수평의 굴이 파여진 것도 있고, 평탄한 대지에 6~7m 정도 깊이의 사각형 굴을 내어서 그 내부에 절벽을 만든 후 다시 수평으로 공간이 만들진 것도 있다. 굴 입구는 창틀과 문틀로 막아 공간이 만들어졌다. 강우량이 적어 습도가 낮은 이 지대는 여름에는 시원하고 겨

요동 횡혈의 내부

울에는 따뜻할 뿐만 아니라 소음이 전혀 없어 토굴집이 훌륭한 주거 형태이다. 이렇듯 요동은 기후와 자연 조건에 잘 적응해 지하 공간을 효율적으로 사용한 최적의 주거 형식을 찾아낸 예이다. 따라서 이 고장에는 벽돌집도 있지만 토굴집이 보편적이다. 이 지방 사람들은 지금도 이러한 토굴집에 거주하고 있다.

요동을 만드는 방법은 대개 두 가지로 나뉜다. 하나는 천연 토벽에 가로 동굴을 파는 것인데, 보통 여러 개의 동굴을 서로 연결하거나 상하의 여러 층을 연결한다. 또 어떤 경우에는 흙의 붕괴를 막기 위해 동굴 안에 벽돌이나 돌을 쌓기도 하고, 절벽 면을 보호하기 위해 동굴 밖에 벽들을 쌓기도 한다. 한편 규모가 제법 큰 집은 절벽 바깥에도 집을 짓고 정원을 만들어 사합원(四合院 : 가운데에 마당이 있고 건물들이 그 주위를 둘러싸는 형식) 같은 구조를 이루기도 한다.

다른 하나는 비교적 평탄한 산등성이에 사각형의 깊은 구덩이를 파고, 구덩이 삼면 또는 사면에 다시 가로로 구덩이를 파는 방법이다. 이런 요동은 여러 형태의 계단을 통해 지면 위로 연결되게끔 만들어져 있

공중에서 바라본 요동 횡혈

다. 또한 동굴집 위에는 나무를 심어 황토의 유실도 막고 물이 스며드는 것도 방지했다. 이러한 황톳집들이 오랫동안 보전될 수 있었던 이유는 해당 지역이 강우량이 적고 건조한 기후를 나타내는 곳이기 때문이다.

흔히 동굴집은 건강에 악영향을 끼친다는 등 비위생적이라고 생각하는 경우가 있는데, 이는 사실과 전혀 다르다. 지하 3~5m 아래에 있는 요동은 여름에는 실외보다 10℃ 정도 온도가 낮고, 겨울에는 15℃ 정도 높다. 그래서 요동 내의 온도는 10~20℃ 사이, 습도는 30~75% 범위를 항상 유지하고 있다. 즉, 사람들이 생활하기에 가장 쾌적한 조건인 셈이다.

뿐만 아니라 요동은 외부의 소음 물질과 기후 변화에 의한 영향도 별로 받지 않고, 대기 속의 방사성 물질의 영향도 적게 받는다. 또 황토에서 생장하는 식물에는 망간과 셀렌이 다량 함유되어 있어서 혈관 질병을 방지하고, 지방의 누적과 장기의 노화를 방지한다. 그래서 요동에서 사는 사람들은 기관지염, 피부병 같은 질병도 적고, 대체로 장수할 가능성이 높다.

게다가 에어컨도 필요 없다. 한여름에는 40℃가 넘는 황토 고원 지대의 무더위를 극복할 수 있는 최적의 공간이 바로 요동인 것이다. 물론 오늘날의 요동은 과거와 같이 원시적인 형태는 아니다. 이렇듯 요동은 동굴이 가장 자연스럽고 자연 친화적인 주거 형태임을 직접적으로 보여 주는 좋은 예이다. 이러한 점으로 볼 때 머지않아 황토로 지은 요동형의 호텔이 관광객들을 유혹하는 날이 오지 않을까 기대되는 바이다.

*마트마타(Matmata)란 베르베르(Berber)족들이 사하라 사막에 정착하면서 붙여진 이름으로서 SF 영화 '스타워즈 I'의 촬영지로도 유명하다. 원추형 봉오리들과 아름다운 자연 경관, 사막의 지하 주거지가 특징인 이 지역은 달 표면처럼 황량한 풍경이 독특한 인상을 준다. 이곳에서 자라는 무화과나무, 올리브나무 등이 베르베르 원주민들의 식생활을 책임지고 있으며, 그들이 거주하고 있는 동

튀니지의 마트마타

굴은 이미 마트마타를 대표하는 상징이 된 지 오래이다.

베르베르족들은 뜨거운 태양과 더위를 피해 지하로 들어가게 되었는데, 오늘날까지도 그들은 과거 조상들이 살아왔던 방식 그대로 전통을 이어 가면서 이곳에서 살고 있다. 지면 아래로 5~10m 정도 내려가면 안마당이 있고, 그 벽면으로 구멍을 내어 방을 만들어서 형태를 갖추었다. 또한 방과 생활공간 사이는 좁은 통로로 연결되어 있다. 뿐만 아니라 3개의 호텔과 기념품 가게, 보석상 등도 지하에 건설되어 있다.

바다 밑으로 자동차를 이끄는 침매터널

떨어져 있는 두 지점은 교량을 놓거나 터널을 만들어 연결한다. 예를 들어 연결하려는 두 지점 사이에 바다 같은 장애물이 버티고 있다면 물 위로 교량을 만드는 방법도 있고, 바다 밑을 지나는 터널을 만들어 두 곳을 연결하는 방법도 있다. 물론 누구나 어린 시절에 자동차가 하늘을 날고, 바다 속을 헤엄치는 그런 상상을 한 번은 해 보았을 것이다. 그러나 바다 속에서 물과 자동차가 함께 헤엄쳐 다니는 상상을 한다면 아직은 조금 먼 미래를 꿈꾸는 것이다. 자동차가 직접 바다 속을 헤엄치는 것은 아니지만, 바다 밑을 이동할 수 있도록 만든 해저터널 중의 하나의 형태로 '침매터널'이 널리 사용되고 있다.

침매터널은 구조물을 가라앉힌다는 뜻의 '침(沈)' 자와 주변을 메운다는 의미의 '매(埋)' 자의 조합이다. 세계적으로 침매터널 시공 능력을 가진 나라는 미국, 일본, 덴마크, 네덜란드 정도이며, 해저 공간은 예상치 못한 외부의 충격들이 발생할 수 있기 때문에 매우 난이도가 높은 공사로 손꼽힌다. 최초의 침매터널은 1894년에 매사추세츠 주의 보스턴에 건설된 총 연장 79m, 직경 1.8m의 수로였으며, 이를 시작으로 20세기 말 덴마크와 스웨덴을 연결하는 외레순(Oresund) 연결 도로의 장대 터널이 시공되었다. 외레순 해협 연결 도로는 자동차와 철도 전용 노선으로 설계되었으며, 4개의 도로와 2개의 선로로 구성되어 있고, 175m의 함체 20개를 연결하여 총 연장 3.5km 규모의 장대 터널로 완성되었다. 이후 일본 하네다 터널 및 홍콩 하버 터널 등 전 세계적으로 120여 개의 침매터널이 시공되었으며, 국내에서는 2010년 부산-거제간 연결 도로에 세계 최대 수심을 자랑하는 침매터널이 완성되어 이용 중에 있다.

침매터널은 강이나 바다 밑에 트렌치(trench : 구조물을 설치하기 위해 지반을 굴착한 부분의 통칭)를 확보하는 동시에, 육지 위의 작업장에서는 터널의 몸체(침매함)를 각 세그먼

침매터널

트별로 제작한다. 육지에서 만든 콘크리트 몸체를 바다 위에서 예인선을 이용해 터널이 설치될 장소로 운반하고, 운반된 몸체에 물을 채워 무겁게 만들면 몸체는 서서히 바다 밑으로 가라앉게 된다. 각 터널 세그먼트 사이의 접합 부위는 연결 장치를 이용해 밀착시켜 붙인 다음 내부 벽을 트면 긴 터널이 완공되는데, 그 후에 콘크리트 박스 속에 채운 물을 제거한다. 이후 빈 터널의 부상(浮上)을 막기 위해 해저 앵커

1. 터널 구조물 제작
(폭 26.5m×높이 9.75m×길이 180m)

2. 바다로 끌고 감

3. 해저에 하나씩 가라앉힘

4. 구조물 연결

침매터널의 시공 방법

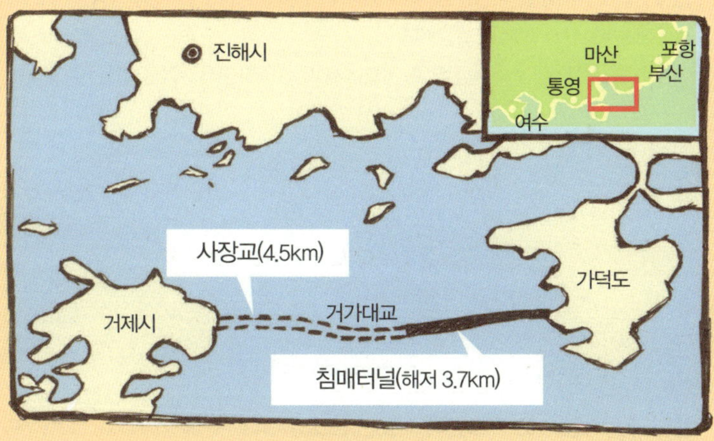

거가대교의 위치

(anchor)를 사용해 고정시키고, 마지막으로 터널 상부를 모래, 돌 등으로 덮어 주면 침매터널이 완공된다. 이러한 과정을 거쳐 비로소 자동차가 터널을 통해 바다 밑을 건너게 되는 것이다.

그럼 다른 터널들에 비해 침매터널이 유리한 점은 무엇일까? 침매터널은 땅속에 설치되는 터널에 비해 굴착 깊이가 얕기 때문에 터널의 길이가 짧아진다. 또한 터널이 설치되고 있는 바다 위에는 배들의 통행이 이루어지고 있기 때문에 교통에 미치는 영향을 최소한으로 해야 하는데, 침매터널이 바로 이 같은 상황에 유리하다. 침매 공법은 콘크리트 터널을 바다 밑에 가라앉히는 기간이 짧고 지상에서 주요 업무를 진행할 수 있어서 공사 기간이 단축되기 때문이다. 또한 지상에서 만들어진 터널 몸체는 품질 관리가 용이하고, 수밀성이 높은 장점을 가지고 있다.

앞에 언급한 바와 같이 우리나라 침매터널은 현재 거가대교를 포함하는 부산–거제간 연결 도로에 위치해 있다. 부산–거제간 연결 도로는 우리나라에서 최초로 건설된 장대 해상·해저 복합 구조물로서 2010년 완공되었고, 사장교 4.5km, 침매터널 구간 3.7km 등 총 연장이 8.2km의 왕복 4차로로 구성되었다. 부산–거제간 연결 도로의 침매터널은 최대 수심 48m에 위치하고 있는데 이는 현재 세계에서 수심이 가장 깊은 침매 터널로 기록되어 있다.

부산 가덕도와 경남 거제를 해상으로 연결하는 이 거대한 부산–거제간 연결 도로는 거제–진주–부산에 이르는 140km의 거리를 60km로 단축시켜 자동차로 약 1시간 30분의 시간 절감을 꾀하였다.

현재 고속열차(KTX)의 등장으로 서울에서 부산까지 2시간이면 닿을 수 있듯이

거가대교의 조감도

구간	이용 도로	거리
서울 – 부산	경부고속도로	441.7 km
	대전 – 통영 간 고속도로 이용 후 거가대교 이용	426.7 km
부산 – 거제	남해고속도로 – 국도 14호선	125 km
	거가대교 이용	55 km

거가대교의 '서울 – 부산', '부산 – 거제' 간 거리 단축 효과

거가대교를 통해 이동 시간이 단축될 것이며, 거기에는 침매터널이 큰 역할을 하게 될 것이다. 또한 거가대교의 탄생으로 교통비나 물류비 등도 절약할 수 있어서 금전적으로도 많은 이익을 창출하게 될 것이다.

(*이 글을 위해 사진과 자료를 제공해주신 대우건설에 감사드린다.)

터키의 지하 궁전

터키 이스탄불에 위치한 성 소피아(Aya Sofia) 성당 맞은편에 위치한
지하 궁전의 정식 명칭은 예레바탄 지하 저수지(Yerebatan Sarnici)이다.

예레바탄 지하 저수지

이곳은 '성당 저수지'로 알려져 있는데, 원래 콘스탄티우스 대제가 만들어 놓은 것을 유스타니우스 1세 때 확장한 것이라고 한다.

비잔틴 제국 시대 때 물이 부족했던 콘스탄티노플(이스탄불) 지역에 중요한 저수지로서의 역할을 했던 이곳은

터키의 지하 궁전

오스만 제국 시대에도 토카프 궁전의 수원지로서의 역할을 했지만, 비잔틴 시대만큼 비중 있게 쓰이지는 않았다고 한다. 이스탄불에서 약 19km 떨어진 초원 지대에서 수로를 통해 물을 끌어들여 궁전의 식수로 사용하곤 했던 이곳의 물 저장량은 적에게 포위되었을 때 도시의 상당 부분의 수요를 감당할 수 있을 정도로 광대하다.

예레바탄 지하 저수지는 가로 70m, 세로 140m에 이르는 거대한 규모로서 저수 용량은 자그마치 8만 m³에 달한다. 또한 336개의 기둥들은 28개씩 12줄로 배열되어 천장을 받치고 있는데, 그 높이는 8m가량이며, 각각 4m 간격으로 서 있다. 그중 가장 눈에 띄는 것이 '눈물의 샘'

이라고 불리는 기둥이다. 이는 위에서부터 흐르는 물줄기가 기둥에 새겨진 부조 위에 고여 마치 눈물을 흘리고 있는 듯 보이는 까닭에 붙여진 이름이다. 이곳 기둥은 그 모양이 각기 다른데, 여러 지역에서 징발해 온 터라 그러하다. 기둥들 사이를 지나 컴컴한 통로를 따라가다 보면 동굴 가장 안쪽에 특이한 기둥 2개가 세워져 있고, 그 아래에는 눈을 마주치면 전신이 돌로 변한다는 메두사의 조각상이 거꾸로 누워 있다.

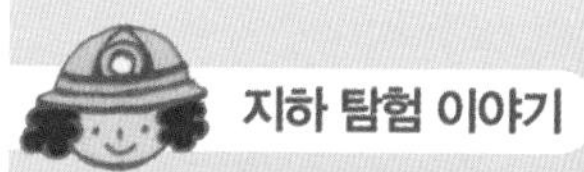

지진과 화재

　지하 세계에서 발생하는 가장 큰 재앙 중 하나인 지진은 그 파괴력만이 무서운 것이 아니다. 지진이 발생하게 되면 인간들이 구축해 놓은 에너지 공급을 위한 여러 시설들이 파손되는데, 이때에 가스 및 석유, 전기 등에 의한 발화로 화재는 거의 필연적으로 발생하고 있다. 지진에 의한 파손보다는 지진에 따른 화재로 재산을 잃는 경우가 더 크다고 하니 간과할 문제는 아닐 것이다. 일본의 2011년 도호쿠 지방 태평양 해역 지진이 그 대표적 예라 할 수 있다.

　도호쿠 지방 태평양 해역 지진은 일본 미야기 현 센다이 동쪽 179km 해역에서 일본 표준시로 2011년 3월 11일에 발생한 규모 9.0의 초대형 지진이 일어났다. 이 지진은 미 지질조사국의 지진 규모 기준으로, 근대적인 지진 진도 관측이 시작된 이래 4번째 규모이자 일본 관측 사상 최대 규모이다. 이 지진으로 도호쿠 지방과 간토 지방의 대부분은 물론 홋카이도, 주에쓰 지방 및 나가노 현 등지에서도 강한 진동이 관측되어 큰 혼란이 일어났다. 특히 미야기 현을 중심으로 한 태평양 연안의 도시들은 지진의 여파로 지진 해일이 강타하여 더욱 큰 피해를 입었다. 파고 10m 이상, 최대 높이가 38.9m에 달하는 대규모 해일이 발생하여 일본의 동북 지역의 태평양 연안에 치명적인 피해를 초래하였고 지진과 해일에 의해 각종 라이프 라인, 도로, 철도도 큰 피해를 입었다. 또, 원자력 발전소도 지진의 피해를 입어 방사능 물질이 유출되는 사상 초유의 사태가 발생하였다.

　후쿠시마 제1원전은 지진으로 인해 송전탑 1기가 붕괴되어 전력을 상실하게 되었다. 발전소의 설비도 지진으로 손상되었다. 외부 전원이 손실로 인해 비상전원(디젤 발전기) 공급이 시작되었으나 큰 해일이 지진 후에 수차례에 걸쳐 이 원전을 덮쳤다. 지진 해일에 의해 원전 시설 대부분이 파괴되었고 지하실 역시 침수되었다. 지하에 있던 2,4호기의 비상전원이 수몰되고 보조냉각시스템인 해수펌프와 연료탱크도 유실되었다.

　따라서 원자로는 모든 전원을 잃고(전체 정전), 비상노심냉각장치(ECCS) 및 냉각 수순환시스템을 움직일 수 없게 되었다. 게다가 냉각해수계통펌프는 잘못된 형태로 설치되어 있었기 때문에 해일에 의한 피해를 피할 수 없었다(최종방열판상실). 핵연료는 원자로가 정지된 후에도 긴 시간 동안 핵연료가 붕괴되면서 열을 발생하기 때문에 장시간 냉각되지 않을 경우 과열을 일으켜 사고가 일어나게 된다. 1호기는 정전이 되자 복수기가 노심을 냉각하였고, 2,3호기는 증기 터빈 구동 스프레이 장비가 각각 약 3일과 1.5일 동안 노심에 물을 주입하는 것을 계속했다. 하지만 정전은 계속되었고 냉각수순환시스템이 작동되지 않아 과열로 인한 피해는 더욱 증가되었다. 이 지진으로 사망자 1만 2천 명, 실종자는 1만 5천 명을 넘어서는 등 대규모의 인명 피해가 발생하였다. 이 사고가 더 큰 문제가 되는 것은 방사능 물질의 유출로 인하여 오랜 시간 동안 사람들에게 피해를 준다는 것이다.

도호쿠 지진의 피해와 같이 원자로에 대한 문제는 피해가 일어난 장소뿐만 아니라 다른 여러 장소에 걸쳐 그 피해를 미치기 때문에 극한 상황에서의 구조물 손상에 대한 설계와 더불어 구조물의 목적과 역할, 손상 후 사회적 손실을 고려하여 설계 및 시공, 관리에 소홀함이 없어야 한다.

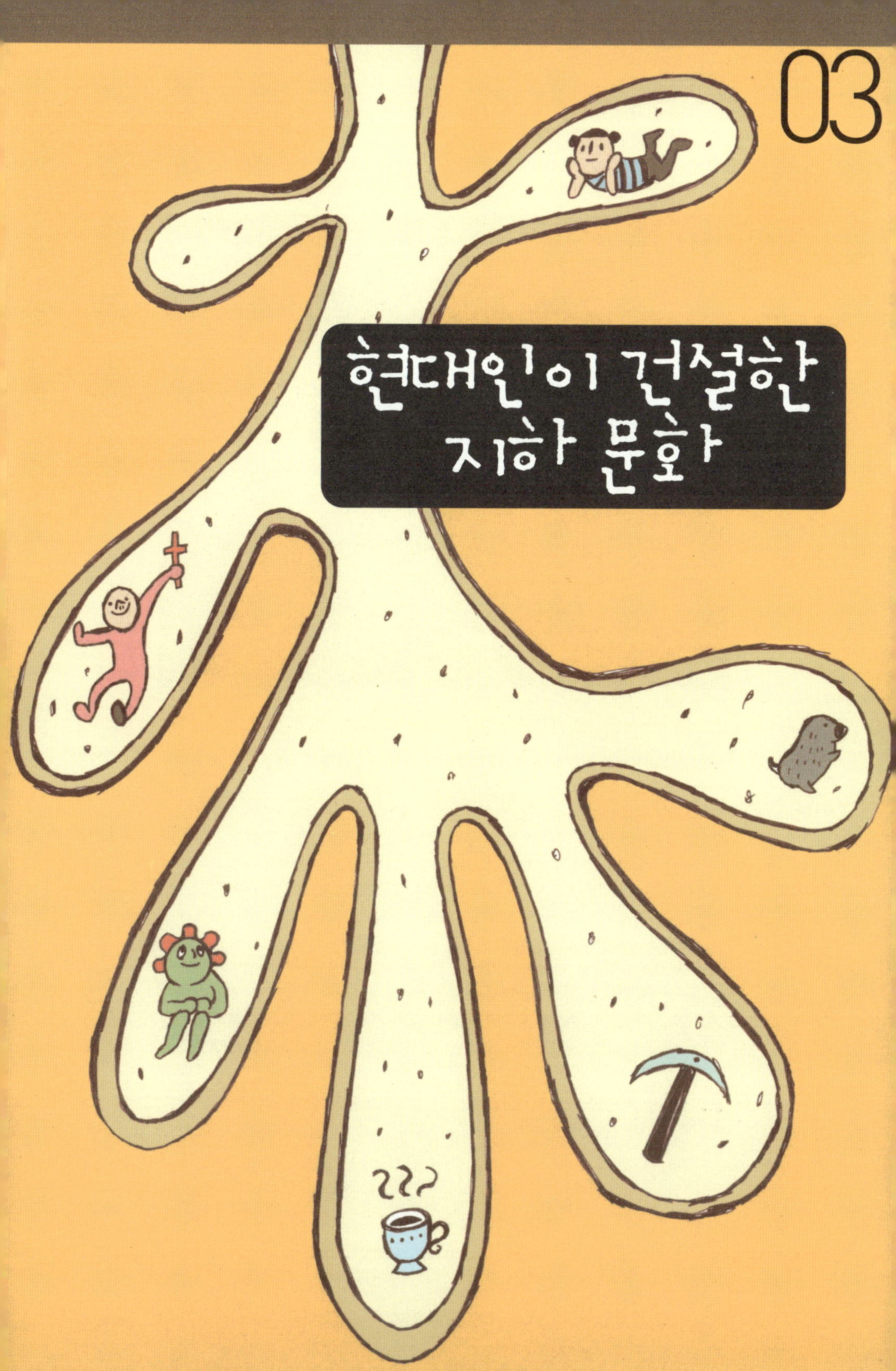

03
현대인이 건설한
지하 문화

산업화 이후 하늘 높은 줄 모르고 위로만 치솟던 지상 공간의 구조물을 위한 공간은 점차 부족해지고 있다. 그리고 그 대안은 지하 공간의 개발로 초점이 맞추어지고 있다. 물론 지구 외의 우주 공간도 사용 가능성이 매우 높은 대안이지만, 현재의 기술과 접근성을 바탕으로 평가했을 때 가장 현실성 있는 대안은 지하 공간이라는 결론을 도출할 수 있다. 지하 공간은 여러분이 생각하고 있는 것과 달리 매우 다양한 용도로 사용되고 있다. 우선 우리나라에만 독특하게 발달되어 있는 주택의 지하 주거 시설을 들 수 있다. 이러한 지하 주거는 한국전쟁을 치른 역사에서 기인하게 되는데, 전쟁 후 방공호를 대신할 주택 지하의 공간 확보를 의무화하면서 발생하게 되었다.

동화 『오즈의 마법사』에서도 허리케인에 대비한 지하 공간을 엿볼 수 있다. 이렇듯 지하 공간은 인간이 생활하기에 적합하지 않기 때문에 주로 비상사태를 위한 여분의 공간으로 구축되었지만, 이제 지상 공간의 부족과 더불어 지하 공간의 장점에 대한 인식과 취약점을 보완하는 기술 개발을 통해 지하 공간을 적극적으로 활용하고 있다. 일례로 대단위 지하상가와 지하철을 들 수 있으며 석유, 가스 등의 에너지 저장 공간, 고준위 핵폐기물 저장 장소 등도 있다. 국내외 지하 공간 개발의 현장을 둘러봄으로써 지하 공간의 무한한 가능성과 매력을 감상해 보자.

지하 공간의 가치

　　사회적 구조의 산업화 및 도시화에 따라 사회 기반 시설에 대한 요구가 점점 많아지고 있는 것이 현실이다. 갈수록 증가하는 대도시의 인구와 사회 시설들을 안정적으로 수용하기 위해서는 지하 공간의 활용이 불가피한 상황이다. 일부 대도시에서는 벌써 지하 공간이 실용화되고 있기도 하다. 예를 들어 지하 광장이나 지하 주차장, 지하상가 등을 건물 내에 건설하는 것이 어느새 일반화되고 있다. 운송 수단으로서는 지하철, 지하 도로 등이 있다. 최근 도심부에서는 전선류의 지하화가 진행되고 있으며, 이에 따라 자연히 도시 경관이 향상되고 있다. 도로 바로 아래에는 전기, 가스, 상하수도, 통신 시설, 지역 냉난방 시설 등의 보급로가 부설되어 있다. 또한 그 아래에 지하상가, 지하철, 지하 주차장 등이 배치되고 있다.

　여태까지는 도로나 보도 바로 아래에 전기, 가스, 상하수도 등이 개별적으로 부설되곤 했다. 그러나 유지·보수를 위해 다시 굴착하는 불편함이 있으므로 이러한 보급로들 외에 지역 냉난방, CATV(Cable TV), 도시 폐기물 관리 시스템 등 새로운 도시 시설을 포함하는 지하 공동구의 설치가 본격적으로 시행되고 있다. 그리고 인간이 주거하는 영역에 건설하기를 꺼리는 발전소 등 전력 관련 설비를 지하에 건설함으로써 지상의 쾌적한 주거 환경을 유지하며, 필요한 전기 에너지를 얻을 수 있게 되었다.

주요 시설을 지하에 건설하면 외부에 쉽게 노출되지 않고 소리, 진동, 공해로부터 보호된다. 역으로 소음, 공해 등이 외부로 유출되는 것을 방지할 수도 있다. 더구나 지하에서는 연중 15℃ 정도의 일정한 온도를 유지할 수 있으므로 에너지 절약 측면에서도 바람직하다고 할 수 있다. 그리고 전쟁 같은 인재 및 천재지변을 피하기 위해서 방호 및 안전을 위한 대피소로서 지하는 더없이 유리한 공간이다.

지하 공간은 단순히 '지표면의 하부'라는 물리적인 개념에 국한되지 않는다. 건설 분야와 관련된 개발의 차원에서 고찰되는 것이 합리적이라는 뜻이다. 이러한 측면에서 지하 공간은 도시 문제의 경감과 지하의 환경적 특성의 효용을 위해 지표면 하부에 조성된 일종의 공간 자원으로 정의하는 것이 바람직하다. 이러한 관점은 지표면 하부에 조성된 공

간 모두를 개발 대상이나 개발 잠재력으로 보게 되는 혼란을 막을 수 있을 뿐만 아니라 향후 지하 공간 개발의 대상, 성격, 입지 및 조건 등을 정확하게 파악할 수 있다는 점에서 그 가치를 지닌다. 다시 말해 2차원적인 개념에서 계획되는 지상 구조물과는 다르게 각종 지하 시설물의 용도에 따라 사용이 가능한 공간 내에서 임의의 위치에 3차원적으로 설계될 수 있으므로 효율적인 공간 활용이라고 할 수 있다.

현대인들의 도시 환경에 대한 요구가 늘어나고 있고 지상에서 더 이상의 사용 가능한 토지가 없어지고 있는 것으로 보아 앞으로 지하 공간 활용은 더욱 가속화될 전망이다. 지하 공간의 개념 정립은 곧 그 개발에서 구체적인 전략과 목적을 뚜렷이 하자는 데에 있다. 하나는 도시 공간 이용의 효율화를 통한 도시 문제의 해결을 도모하는 것이고, 다른 하나는 지상의 개발 억제를 통해 환경을 보전하는 것이다. 이러한 연유로 지하의 특성에 대한 적극적인 활용이 지상의 환경 및 역사적 가치가 있는 시설의 보존, 국민의 안보 및 군사 등의 차원에서 대대적으로 이루어지고 있는 실정이다.

지하 공간은 지상 생활에 익숙한 인간에게 폐쇄적인 느낌을 가져다줄 수 있으며, 이는 나아가 심리적인 불안감은 물론이고 신체적인 부작용으로까지 확대되어 작용할 수 있다는 우려의 목소리도 적지 않다. 따라서 현대에는 발전된 시설과 개발된 설계 및 공법 등으로 지하 공간에 대한 인식을 새롭게 해야 한다. 즉, 지하 공간의 안전적인 측면을 강조하면서 지상과는 달리 구조적으로나 시설 면에서 세심한 배려가 동시에 이루어져야 한다.

특히 도로 및 건설 구조상 자연 채광이 전혀 되지 않는 지하 공간에서의 조명과 공기 확보는 지하 생활을 하는 데에 기능적으로 매우 중요한 역할을 한다. 그러므로 규모와 용도, 구조, 설비의 특성, 방재 안전계획 등을 고려해 보다 안정적이고 효과적인 지하 생활공간의 조명 설비 구성이 철저히 갖추어져야 할 것이다. 갈수록 복잡해지고 다양해지는 지하 공간에서 불안감 없이 생활하려면 무엇보다 안전성과 쾌적성이 확보되어야 한다. 그렇지 않을 경우 뜻하지 않은 부정적 사태를 초래할 수 있기 때문이다.

이른바 미래의 신(新)공간이라 불리고 있는 지하 세계에 대해 실제로 미국에서는 지질학 전문가를 비롯해 건설 분야 공학자 등 다양한 사람들이 직·간접적으로 연결되어 있는 '미국지하공간협회(America Underground Space Association)' 라는 단체를 중심으로 지하 공간 개발에 대해 관심을 기울이고 활발한 연구를 펼치고 있다. 땅값 상승과 녹지 잠식 등을 해결할 유일한 대안이 지하 공간에 있다고 생각하기 때문이다. 이렇듯 지하 공간은 현대 그리고 미래의 절대적인 화두이다.

후세인의 지하 궁전

  지난 2003년 초, 미국의 이라크 공격에 세계의 이목이 집중된 적이 있었다. 그때 자주 뉴스에 등장한 것이 이라크의 수도 바그다드의 지하 곳곳에 건설되어 있는 지하 벙커에 대한 뉴스였다. 미군에게 점령되어 공개된 지하 벙커에는 호화 샹들리에, 순금 수도꼭지 등이 있었고 『아라비안나이트』를 방불케 할 정도로 화려해서 후세인의 지하 궁전이라고 불렸다. 바그다드 시에만 이러한 지하 궁전이 20여 개에 달해 거미줄처럼 연결되어 있고, 후세인의 고향인 티크리트(Tikrit)를 비롯해 전국에 80여 개가 산재해 있다고 한다.

  이는 전쟁 시 적들의 미사일 공격, 생화학 공격 등을 피하면서 전쟁을 수행하기 위해 만들어진 것으로서 1980년대 초반 이란과의 전쟁, 1990년대 초반 걸프전을 거치며 많은 지하 벙커들이 첨단 기술을 바탕으로 만들어졌다.

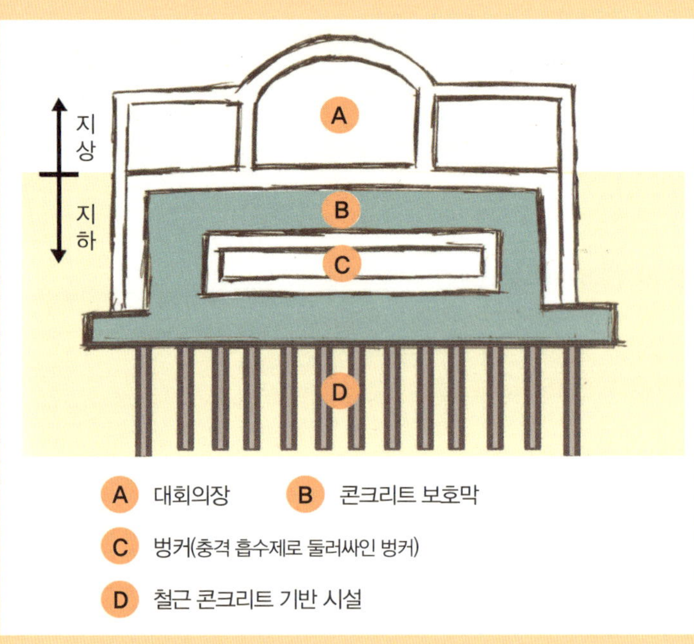

후세인 벙커의 구조

그러면 바그다드 시내의 대통령궁 지하에 위치한 지하 벙커를 바탕으로 그 규모와 치밀한 설계를 살펴보자. 이 벙커는 후세인이 1976년 부통령 시절에 유고의 지하 벙커를 보고 유고 기술자를 불러 만든 것이다. 이라크의 바그다드는 사막 지역이다.

후세인 벙커

사막 지역은 땅속에 어떤 구조물을 건설하기 어려운 지형이다. 이를 극복하기 위해 지하 궁전 아래에 약 100m 길이의 말뚝을 박아 그 지지력을 확보했다. 또한 지하 궁전 설계의 관건은 떨어지는 미사일의 충격에서 어떻게 구조물을 보호하느냐이다.

이를 위해 30m 깊이에 두께 2m의 고강도 철근 콘크리트로 외벽을 만들었고, 그 밖을 충격을 흡수할 수 있는 충격 완화 콘크리트로 감쌌다. 또 지하 궁전의 지붕은 4,500톤 상당의 철근으로 덮어씌웠는데, 지붕을 원형으로 만들어서 어떤 미사일도 정확히 90도로 충격을 주어야만 뚫을 수 있다고 한다.

이 지하 궁전의 건설을 담당했던 옛 유고 연방 기술자의 말을 빌리면, 이것은 제2차 세계대전 때 히로시마에 투하된 원자폭탄의 충격이나 300℃의 고열에도 견딜 수 있다고 한다. 실제로 미국의 이라크 점령 후 세간에 공개된 이 지하 궁전은 7차례의 벙커 버스터 미사일, 20차례의 크루즈미사일 공격에도 아무런 타격을 받지 않은 모습을 보여 그 안전성이 실로 대단함을 알 수 있었다.

면적 1,800㎡의 이 지하 궁전에는 50명 이상이 최대 12개월간 견딜 수 있는 식량과 무기가 저장되어 있었고 자가 발전기, 상하수도 장치, 공기 정화 장치까지 갖추어져 있어서 장기간의 체류 및 생화학 공격에까지 대비한 모습이었다. 그리고 적들의 공격으로 벙커가 타격을 받을 것에 대비해 여러 개의 지하 벙커를 거미줄처럼 연결하여 대피가 가능하게 했고, 출입구가 봉쇄될 경우를 대비해서 안에서만 열 수 있는 비상구도 준비되어 있었다.

① 엘리베이터　② 거실　③ 침실　④ 드레스룸　⑤ 침실　⑥ 침실　⑦ 대형 욕실
⑧ 탈의실　⑨ 욕실　⑩ 침실　⑪ 침실　⑫ 지휘 센터　⑬ 유아방　⑭ 유아 욕실
⑮ 욕실　⑯ 하얀방　⑰ 화장실　⑱ 주방

대통령궁 지하 벙커의 구조

　후세인의 지하 궁전은 전쟁을 위한 시설물이었지만 지하 공간만의 유용한 특징을 이용해 우리에게 도움이 되는 방향으로 이용할 수도 있을 것이다. 지하 공간에 관심을 가지고 기술을 개발한다면 이 미지의 세계가 우리에게 좀 더 가까이 다가와 있지 않을까?

효과적인 지하활용

지하 공간의 용도에 관해서는 기존의 몇몇 기준들이 적용되어 왔으나, 그 개념이 매우 광범위하거나 조건들이 적잖이 중복되는 까닭에 명확히 취급하기가 어려운 것이 사실이다. 따라서 주된 목적에 따라 세 가지로 분류해 보면 다음과 같다.

일반 시민들의 사용 빈도가 높은 사회 기반 시설이 그 첫 번째 갈래이다. 교통, 에너지, 환경, 저장 시설 등이 그러하다. 두 번째로는 주거, 문화·복지 시설 등 생활을 위한 부문이 있다. 또 산업 및 연구 목적으로서의 사업 시설 등을 그 마지막으로 구분할 수 있다. 이렇듯 지하 공간의 종류 및 용도는 다음의 〈표 2〉과 같이 나타낼 수 있다.

〈표 2〉에 의하면 지하 공간이 전 세계적으로 거의 모든 용도로 활용되고 있음을 알 수 있다. 그렇다고 해서 여기에서 제시된 용도들이 전

<표 2> 지하 공간 개발 현황

구분		준비 내용
사회 기반 시설	교통 시설	지하 주차장, 도시 지하철, 철도·도로의 터널, 차고, 철도역, 지하 입체교차로, 버스 정류장, 화물 보관소
	공급 시설	전선 지중화, 지하 공동구, 지중 가스도관, 지역 냉난방, 지하 발전소, 도수관, 폐기물 처리 시설, 상하수도 처리장
	저장 시설	석유의 지하 저장, 지하 가스 저장 탱크, 식료수 저장, 식품 저장, 열수 압축공기 저장, 문서 창고, 지하저수조
	군사 시설	지휘소, 미사일 시설, 핵 공격 대피 시설, 격납고, 지하 해군 기지
생활 시설	주거 시설	가정용 피난처, 지하실(식료품 저장용), 사무실, 강의 및 회합실
	문화·복지 시설	스포츠센터, 수영장, 교회, 도서관, 음악당, 박물관, 지하가, 학교, 공원, 도서관
사업 시설	산업 시설	양조장, 냉동 창고, 지하 공장, 농작물 재배
	연구 시설	실험·연구 시설

부 지하 공간에 적합하다고 단정 지을 수는 없는 일이다. 다만 그 가능성을 고찰해 볼 필요가 있다는 것이다. 건물의 기능, 점유 패턴, 활동 유형 및 사회적 접촉 등에 따라 지하 공간은 활용에 제약을 받기도 하고, 혹은 권장되기도 한다.

앞서 살펴본 역사적 산물에 비추어 봐도 지하 공간에 대한 인류의 관심은 꾸준했다. 그리하여 최근에도 지하 공간을 활용하자는 방안이 적극적으로 대두되고 있다. 일부 국가에서는 미래 도시의 하나로 지하 도시를 정부 차원에서 구상하고 있을 정도이다. 인구 증가로 지상 개발은 이제 포화 상태에 달했다. 이러한 한계점을 해결하기 위해서는 지하 공간을 확보해 개발할 필요가 있다. 자연적으로 형성된 지하 공간(동굴 등)은 물론이고, 인위적인 방법을 통해서라도 '지하'라는 영역을 체계적으로 개발할 수 있어야 한다. 즉, 구체적으로 현실적인 연구와 그에 대한 노력이 절실히 요구된다.

하지만 현재 우리나라 대부분의 지하 공간은 법적·제도적 문제와 인식의 부족 등으로 그 개발이 소극적인 수준에 머물고 있는 것이 사실이다. 지하 개발은 당면한 도시 문제를 해결할 수 있는 새로운 카드임에는 분명하지만, 현실에 활용되기 위해서는 해결해야 할 과제도 적지 않기 때문이다. 따라서 지하에서의 생활이 지상과 다를 바 없도록 채광, 환기 등 생존에 가장 중요한 문제를 시급히 해결할 수 있어야 한다. 그 예로 건설 전문가들은 서울 삼성동에 위치한 위락 시설인 코엑스몰 (Coexmall)을 두고 아시아 최대의 지하 공간으로서 경제적으로 어떠한 특급 상권에도 뒤지지 않는다고 말한다.

지하 공간의 형상은 조성 방식에 따라 기본적으로 굴착 공간(mined space), 엄개 공간(earth-sheltered space), 개착 공간(cut-and-cover space) 등 세 가지 유형으로 구분할 수 있다. 굴착 공간이란 주로 암반층을 굴착하여 조성되는 공간을 말하며, 공동 공간(cavern space)이라고도 한다. 한편 엄개 공간과 개착 공간은 지표를 파내고 다시 덮어 조성되는 공간으로서 넓은 범위에서는 동일한 개념으로 사용되기도 한다.

굴착 공간에서의 평면 구성은 보통 두 가지 방식으로 이루어진다. 그 하나는 거대한 리브(rib : 우산의 살이나 사람의 갈빗대와 같이 구조 전체의 응력이나 변형을 작게 하기 위한 큰 벽판 형태의 부재)들이 실내를 지지하는 리브 시스템이고, 다른 하나는 다수의 기둥으로 구조를 받치는 기둥 시

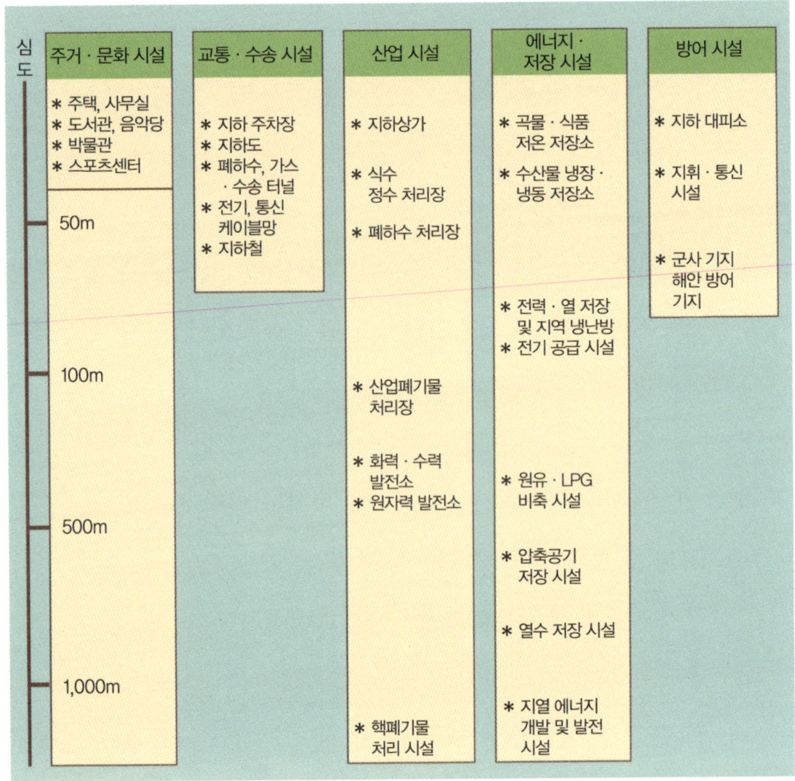

스템이다. 또한 이러한 평면 구성에서 형성될 수 있는 단면 형상은 볼트(vault)형과 돔(dome)형으로 나타나는데, 이는 전부 아치(arch)에서 발달된 반원형 천장 혹은 지붕을 이루는 곡면 구조체를 말한다. 다만 전자는 아치를 직선으로 연장시킨 아케이드(arcade) 형태이며, 후자는 아치를 원형으로 회전시켰다는 데에 그 차이가 있다. 반면 엄개 및 개착 공간은 굴착 공간에 비해 독립실형, 아트리움(atrium)형, 입면(立面)형, 관통(貫通)형 등과 같이 상대적으로 많은 단면의 구조를 형성할 수가 있는데, 이는 지표와의 다양한 관계성 속에서 이루어지는 것이다.

개발된 지하 공간을 심도별 쓰임새로 살펴보면 〈표 3〉과 같다. 지표면을 중심으로 했을 때 지하 3m 이내에는 상하수도, 가스, 전선로, 통신케이블이 설치된다. 또 5m 이내에는 통신구와 전력구 등이 위치하고 있다. 한편 지하 50m 이내에는 지하보도, 지하철, 지하 주차장 등 교통 시설과 주거 시설, 문화·복지 시설이 집중적으로 건설되어 있다. 더불어 지하 100m 이내에는 정보·통신 시설 및 상업 시설이 위치하고 있다. 그렇다면 지하 500m 이하로는 어떠한 장소가 적합할까? 산업폐기물 처리장, 발전소, 원유·가스 비축 시설 등이 대표적이며, 더 깊은 1,000m 이하에는 거주 공간과 분리시켜야 할 핵폐기물 처리 시설, 고도의 에너지 저장 시설 따위가 위치하는 것이 좋다.

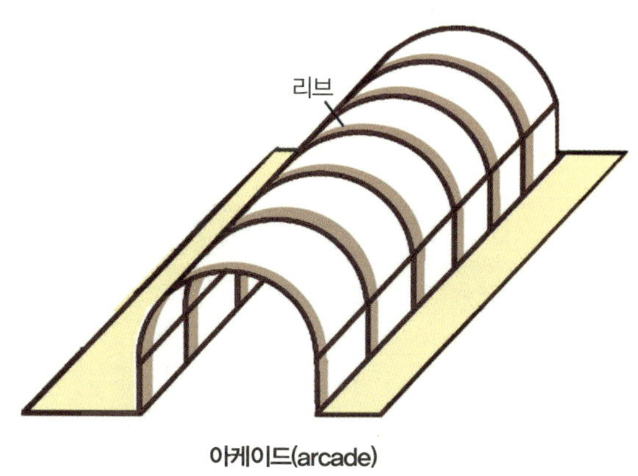

아케이드(arcade)

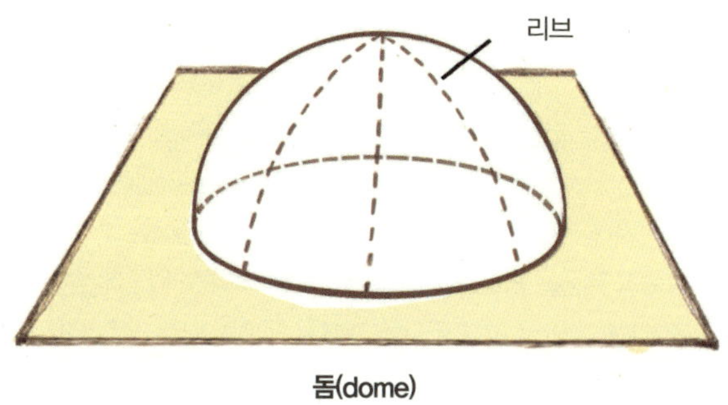

돔(dome)

코엑스

코엑스몰

도심지 지하 공간의 개발은 주로 유동 인구가 밀집되어 있는 장소의 공간 확보에 대한 어려움이나 상품 및 에너지 등의 저장 장소를 해결하기 위해 행해진다. 지하철이 그 대표적인 일례이며, 예부터 지하상가의 개발은 활발하게 이루어져 왔다.

그중 서울 삼성역에 위치한 코엑스몰(Coexmall)은 1985년부터 개발이 진행되어 무역회관과 호텔, 백화점 같은 지상 시설의 건설과 함께 개발된 국내 최대 규모의 지하 위락 시설이다. 코엑스몰은 2000년에 완공되어 지하철과 연계된 생활·문화 공간으로서 문화, 오락, 쇼핑 등의 다양한 시설들을 확보하여 일상적인 생활을 위한 서비스를 하나의 지하 공간에서 모두 제공받을 수 있게 기획되었다. 시설 면적 119,000㎡로 동양 최대의 지하 쇼핑 공간을 자랑하며, 올림픽 주경기장의 14.5배에 달한다. 특히 코엑스몰은 무역회관협회의 재정 자립 기반 구축을 위한 개발 모델로서 적극적 형태의 지하 공간의 새로운 이용 가능성을 제안했고, 성공적인 지하 공간 개발 사례라고 국내외적으로 일컬어진다.

지하에 구축되어진 공간에 처음 들어선 사람들은 인위적으로 조성된 유사한 지형학적 특성에 기인한 지하 공간 특유의 폐쇄성 때문에 방향 감각과 시간 감각을 잃기 쉽다. 따라서 지하 공간을 개발할 때에는 다른 구조물에 비해 위치 정보를 전달할 수 있는 안내판에 많은 시간과 노력을 투입하게 된다. 이러한 의미에서 코엑스몰은 강이라는 테마를 통해 각 공간에 의미를 부여했고, 이러한 부분들이 연계되어 사용자들의 공간 인지를 도왔다. 건물 입구에는 내부와 외부가 중첩되는 전이 공간으로 시작하여 지하 공간에는 유리로 된 기둥을 설치해 빛을 반사시켜서 만년설의 시원함을 나타내기도 했고, 자연광을 대체한 벽체와 천장, 바닥부의 녹색 조명은 지상 공간과는 다른 차별적인 공간으로서 숲 속의 느낌을 연출하도록 설계되었다. 곳곳에 보이는 녹색의 식물들과 광장에 있는 분수로 외부 자연환경의 이미지를 부여하여 편안한 휴식 공간을 제공하기도 한다.

이 같은 다양한 시도와 계획을 바탕으로 코엑스는 ASEM(Asia Europe Meeting)의 회의장으로 지정되어 레저와 업무가 복합된 컨벤션 센터로 개발되었다. 또한 접근성 높은 교통과 국내 최고 수준의 IT 인프라 기술의 요지라는 장점을 활용해 아시아 최고의 전시 및 컨벤션 시설로 발전하고 있다. 또한 서울의 중요 문화 공간으로 영화관과 수족관, 서적과 음반, 김치 박물관 등과 같은 시설과 함께 각종 전시장과 연결되는 신세대 멀티 문화 공간이다. 코엑스몰은 지하 공간이 궁극적으로 지향하는 채광 및 환기 등이 지상 공간과 유사하여 사람이 거주지로서 생활할 수 있는 공간과 지상 공간의 중간 형태이다. 물론 지표보다 낮은 곳에 위치하고 있지만 그 개발 심도가 그다지 깊지 않고 자연 채광을 적극적으로 사용하지 못한 점은 매우 유감스러운 부분이다.

그러나 코엑스몰은 지하 공간이 쾌적하지 못하고 불결하다는 사람들의 선입견과 편견을 불식시켰으며, 경제적인 새로운 모델을 제시했다는 점에서 매우 큰 의미를 갖는다. 또한 지하 공간의 특성을 잘 활용하여 계절 및 날씨 등의 외부 상황에 상관없이 1년 365일을 쾌적하게 활용할 수 있는 새로운 위락 시설을 구축했으며, 이는 궂은 날씨에도 젊은이들이 코엑스로 향하는 가장 큰 이유라고 할 수 있을 것이다. 스펀지에 물이 스며들듯이 사람들은 지하 공간의 매력에 점점 빠져 들고 있다.

현대의 땅속 탐험

　　지하 공간을 효율적으로 활용한 예는 세계 곳곳에서 어렵지 않게 찾아볼 수 있다. 유럽, 북미 등에서는 일찍부터 견실한 사고방식과 사상에 기초를 두고 도시 계획을 진행해 왔으며, 그것을 기반으로 지하 공간까지도 현대적으로 이용하고 있는 실정이다. 지하 공간을 사용하기 위해서는 그 첫째가 공간의 확보이다. 외부의 웬만한 충격에도 내부의 시설과 인명을 충분히 보호할 수 있는 공간이 확보되어야 하며, 그 다음이 채광 및 환기 등의 요소일 것이다.

　　이러한 기술들은 기본적으로 토목공학에 기초하고 있으며, 지하 공간의 문화를 꽃피울 수 있는 기반 기술 역시 토목공학이다. 지하 공간은 각종 통신 및 전력, 상하수도 등의 라이프 라인을 매설하는, 지상 공간을 보조해 주는 공간에 불과했지만 점차 지하철 및 지하 주차장을 시

작으로 인간이 잠시나마 '위치' 할 수 있는 공간으로 진화되었고, 현재
는 장시간 인간이 '생활' 할 수 있는 공간으로 탈바꿈하고 있다. 홍수를
막기 위해 둑을 쌓고, 가뭄을 피하기 위해 저수지를 축조하던, 인류의
생존을 위해 발전한 토목 기술이 이제 인류의 생활 패턴을 바꾸어 가고
있다. 그렇다면 과연 그 실체는 어떠한지 몇몇 국가들의 대표적인 지하
건설물들을 찬찬히 살펴보자.

프랑스

　프랑스에서의 근대적인 지하 이용은 19세기 말에 도시 문제 해결을
위해 개발한 지하철 건설을 시초로 한다. 과밀한 도시 내에서 원활한
하부 시설을 구축하고, 지상을 공공 옥외 공간으로 사용한 것이다.
1980년에 실시된 한 조사에 의하면, 파리 시의 주요한 지하 시설 사용
면적은 90km^{2}라고 한다. 또 체적으로는 약 8.2km^{3}가 되는데, 이러한
수치로 미루어 볼 때 평균 0.9m 깊이의 지하를 사용할 수 있게 된다. 대
부분이 건물 지하 및 도시 기반 시설이지만, 이후 레알(Les Halles) 지구
계획을 중심으로 도시 기능
활성화를 위한 지하 복합 시
설이 체계적으로 건설되기에
이르렀다.

　파리에서는 이미 100여 년
전에 오스만이라는 행정관에
의해 소위 오스만 계획이라

라데팡스

는 대도시 계획이 세워졌다. 그리고 그 계획에 따라 지하 50~60m 심도까지의 개발이 실제로 추진되어 왔다. 도시 기능을 담당하는 많은 부분을 지하에 수용하여 역사적인 경관 혹은 세계의 유산들이 도시 기능과의 훌륭한 공존과 조화를 이루도록 하는 것이 파리 도시 계획의 기본적인 사상이라고 할 수 있다.

1830년대에 대규모 하수도 터널을 구축함에 이어, 최근 라데팡스(La Defence) 지구의 인공 지반 조성과 루브르(Louvre) 궁전 지하 광장 입구의 유명한 피라미드 구조물 등이 그 좋은 예이다. 라데팡스 지구에서의 지상 부분은 전면 보행자 전용 구간이다. 또한 모든 교통을 지하로 연결했는데, 이는 인공 지반을 만들어 가능케 했다. 더불어 루브르 궁전의 지하는 파리 지하철과 피라미드 밑의 지하 광장으로 연결된다.

신개선문은 1989년 7월 14일에 프랑스혁명 200주년을 기념해 준공된 건설물로서 라데팡스에 위치해 있으며, '세계로 향하는 창' 이라는 의미를 기리고자 그랑드 아르슈(Grande Arche)라고 불린다. 신개선문은 110m(샹젤리제 개선문의 2배)의 높이에, 표면은 반투명 유리와 흰색 대리석으로 구성되어 있다. 내부는 큐브(육면체)로 되어 있는데, 텅 비어 있으며 35층 건물이다. 안쪽 길이는 70m로, 샹젤리제 길의 너비와 같다.

'인간 개선문' 이라고도 지칭되는 이 건물은 샹젤리제의 개선문과 루브르 궁전을 직선으로 잇는 축 위에 세워져 있다. 또한 문화 · 공공시설 외에 공공사업성, 교통성 등의 일부 정부 부처도 입주하고 있으며, 특히 프랑스 정부는 건립 취지에 맞게 지붕 부분을 '인권과 인간 과학을 위한 재단' 에 양도했다. 라데팡스에 가면 이 건물의 문 아래에서 앉아

루브르 미술관

쉬는 시민들을 많이 볼 수 있다.

　루브르 미술관은 루브르 궁전의 일부를 미술관으로 개조한 것이다. 개관 이래 프랑스 미술의 중심적 구실을 하는 이곳은 전 세계의 미술가나 미술 연구가 및 애호가들이 수없이 찾아들어 파리의 빼놓을 수 없는 명소가 된 지 오래이다. 루브르 미술관에 있는 유리 피라미드는 지상과 지하를 연결시켜 주는 일종의 매개체로서 1989년에 중국계 미국인 건축가 페이(I.M. Pei)에 의해 개축되었다.

　이것은 지상의 빛을 지하의 광장으로 고스란히 연결시켜 준다는 점에서 상당한 걸작으로 평가받고 있다. 유리 피라미드 아래의 지하 공간에도 역시 또 하나의 유리 피라미드가 설치되어 있는데, 천장에 거꾸로 매달려 있는 형태이다. 이러한 역(逆)피라미드를 중심으로 하여 미술관으로 들어가는 지하 통로와 아케이드가 자리하고 있다.

레알 지구의 재개발을 중심으로 이루어진 지하 복합 시설 계획은 도시 활성화에 막대한 영향력을 행사하고 있다. 1979년에 문을 연 포럼데알(Forum des Halles)이 대표적이다. 이 건축물은 자연 통풍, 자연 채광 시스템에 중점을 두어 지하상가의 문제점인 공기 오염과 음침한 분위기를 개선한 것이 특징이다. '개발은 보존을 위한 조치'라는 것이 이곳의 모토이다. 즉, 지하 공간을 상가로 활용해 주변 환경을 개선하는 동시에 문화재를 보존하고자 하는 취지를 실현한 것이다. 그리하여 파리 최초의 노천 시장이었던 레알 지구는 돌출부가 우산 모양인 초현대식 건물로 재탄생하게 되었다.

포럼데알의 지상은 공원으로 꾸며져 있으며, 지하 4~5층에는 지하철 역의 터미널이, 지하 2~3층에는 지하 주차장이, 지하 2층에는 주변 도로의 교통 정체를 완화하기 위한 지하 자동차 도로가 배치되어 있다. 4층짜리 지하 공간에 쇼핑 센터와 콘서트 홀, 극장, 도서관, 수영장, 체육관, 병원 등 6만여 개의 점포를 갖추고 있어서 다목적 공간으로서의 기능을 톡톡히 해내고 있는 것이다. 또한 4.5km의 지하 도로망과 4개의 지하철 노선, 3개의 교외 고속전철을 연결해 파리 어느 곳으로도 갈 수 있게끔 설계되어 있다.

장식을 최대로 제한하고 기능적인 요소인 승강기, 에스컬레이터, 계단,

포럼데알

환기통, 수도관 등을 모조리 외부로 노출시킨 것이 주목할 만하다.

미국

미국의 지하 공간 개발은 에너지 파동 이후를 배경으로 하고 있다. 따라서 자원 채석이 이루어지고 난 뒤의 남은 공간을 어떻게 하면 효율적이고 경제적으로 활용할 수 있을까 하는 측면에서 개발이 진행되고 있다. 실제 프로젝트 건설로 축적된 풍부한 경험을 토대로 디자인 방법론 및 입구 디자인, 지하구조물과 지상과의 관계, 아트리움 설계, 자연 채광 기법과 지하 공간에 대한 환경적 심리, 용도 설정의 문제 그리고 지하 공간과 에너지 절약과의 관계 등을 꾸준히 분석·적용하고 있는 상황이다.

지하철

    암반 위에 건립된 도시인 뉴욕은 오래전부터 지하철 및 하수도 같은 도시 하부 시설을 중심으로 지하 공간의 이용이 적극 추진되어 왔다. 총 연장 407.4km(지하 부분 221km)의 세계 제일의 규모를 자랑하고 있는 뉴욕의 지하철은 1904년에 시청과 브로드웨이 간의 14.6km가 개통되고 난 후 거의 모두 1930년대 이전에 건설되었다.

    또한 1958년에 RCA 빌딩과 타임라이프 빌딩을 지하로 연결하기 위해 지하철역을 새로이 만든 것에서 시작해 현재 13블록에 네트워크가 형성되어 있으며, 더욱 확장되고 있는 록펠러 센터를 그 예로 들 수 있다. 이 센터의 지하 개발은 지상 교통의 폭주를 막기 위해 물류 시설과 보행자 네트워크에 의해 진행되어 왔다. 또 사람과 차량의 분리를 위해 지하 약 9m에 10개소의 트럭 터미널을 설치했다.

    그리하여 노상에 트럭을 주차할 필요가 없게 되었고, 이는 교통 혼잡 완화에 큰 도움이 되고 있다. 이 센터는 쇼핑이나 서비스 시설을 갖춘 자기 완결형의 기능을 갖는 '도시 속의 도시'로서, 안전성이 높고 즐거운 공간을 제공하고 있다.

미네소타 대학의 지하 공간 센터의 단면

미국 미네소타 대학의 토목공학관은 1977년에 건설되었다. 지상 1층, 지하 7층으로 이루어진 이 건물은 지하 공간의 구조물이다. 이곳에서는 지질 공학, 토목, 건축, 도시 계획 등 지하 공간과 관련이 있는 다양한 분야의 연구와 정보 교류, 교육 등을 하고 있다.

미네소타 대학의 지하 공간 센터

특히 이 건물에 있는 설비 중에서 특이할 만한 부분은 지하 공간에서의 생활에서 심리적인 문제를 해소하기 위한 다양한 조명 장치들이 있다는 것이다. 즉, 자연 채광을 위한 건축적 고려와 함께 자연광을 적극적으로 지하 공간에 도입하려는 노력이 가해지고 있는 것이다. 특히 채광 설비, 인공 조명에 의해 옥외 자연 환경을 모방하는 자동 조명 제어 방식, 야외 전경 투시 설비들이 이채롭다.

캐나다

캐나다의 몬트리올과 토론토에서는 겨울철의 한랭지 대책으로서, 또한 지리적으로 제한된 도심부의 공간을 유효하게 활용하기 위해 지하 공간이 이용되고 있다. 국유철도의 역과 주변 고층 건물의 지하층 및 지하철역과의 사이에서 지하 연락망 혹은 지하상가로서 광범위하고 쾌적한 지하 네트워크를 형성하고 있는 것이다. 특히 지하의 중요한 장소에

몬트리올의 지하철 　　　　　　　　몬트리올의 지하 네트워크

채광을 위한 빛이 들어오는 창문이 있으며, 지상의 건물도 바라볼 수 있기 때문에 현재 위치를 알 수 있는 장소이기도 하다. 이러한 이유로 지하 공간은 시민들에게 좋은 평가를 받고 있다.

몬트리올의 경우 지하철의 개통에 따라 지하 네트워크가 한층 확대되었다. 지하철역과 민간 건물이 지하 계단으로 연결되어 있는 형태로, 현재 190만 m²에 이르는 네트워크가 형성되어 있다. 그리고 토론토 중심부의 지하 네트워크는 5개의 지하철역을 연결한 세계 최대의 규모이다. 그 범위는 남북으로 약 1.5km, 동서로 약 0.8km에 이르고, 금융 기관을 중심으로 한 건물이 다수 건립되어 있다. 이 지하 네트워크가 만들어지기 시작했을 때는 20세기 초였는데, 당시에는 그리 계획적인 것이 아니었으며 단지 필요에 의한 조치였다. 그러나 1970년경 도시 개발이 시작되면서부터 국철역, 지하철역, 고속도로 인터체인지, 수송 체계와 연결시켜 지하 네트워크를 완성해 온 것이다.

이튼 센터(Eaton Center)는 1979년에 완공된 지하상가 시설로서 토론토에서 가장 큰 규모를 자랑한다. 지하철과 지하보도, 지하 쇼핑몰이 연계되어 있는 이 건물은 양쪽에 6층짜리 건물이 세워져 있으며, 옥상

토론토의 이튼센터

이 투명한 아치형 천장으로 서로 연결되어 있다. 또한 지하 3층까지 이루어져 있는데, 천장 밑의 중앙광장을 중심으로 개방되어 있어서 높은 천장을 통해 자연 채광이 가능하다. 또한 지하 공간 내에 분수 및 식물 재배 시설이 갖추어져 있을 만큼 넓은 공간으로 조성되어 있다. 이 건물은 쾌적한 지하 거주 환경을 연출하고 있다는 데에 그 가치가 있다.

스웨덴

스웨덴에서의 지하 공간 개발은 항온에 의한 경제성을 배경으로 한다거나 환경 보호의 이유로 진행되고 있다. 따라서 산업 및 군사 시설과 저장 시설 그리고 도시 기반 시설 등이 중점적으로 개발되었다. 반면에 대규모 쇼핑 센터 같은 대중적 지하 공간은 거의 개발되고 있지 않은데, 이는 환경적인 심리나 방재의 차원에 그 원인이 있다. 또한 낮은 인구밀도와 소규모의 도시들로 구성되어 있는 스웨덴의 특성으로 볼 때에도 지하 공간 개발의 필요성은 그다지 절박하지 않음을 미루어

짐작할 수 있을 것이다.

스웨덴을 포함한 북유럽 나라들은 지하 굴착의 공법상 터널링 (tunneling)의 방식을 주로 사용하는데, 이는 지질이 안정된 암반층으로 이루어져 있을 뿐만 아니라 광산 개발로 고도의 기술을 보유하고 있기 때문이다. 따라서 환경적인 안정성을 얻는 데에도 꽤 유리하게 작용한다. 또한 지형 기복이 심한 스웨덴의 경우 터널링을 이용한 파이프라인이나 도로 등은 경제성을 증대시키고, 지형적으로 분리된 지역들의 통합을 이끌어낼 수도 있다.

스톡홀름, 헬싱키, 오슬로 등의 북구 도시들은 화강암에 입지하고 있기 때문에 무지보(無支保) 터널 및 지하 공간을 경제적으로 건설할 수 있다. 따라서 겨울철의 한랭지 대책으로 효과적이다. 지하철, 하수처리장, 석유·석탄유의 지하 비축, 주차장, 스타디움 등이 지하 시설로서 적극 건설되었고, 지상은 아름다운 도시 경관을 유지하고 있는 것도 전부 이러한 이유에서이다.

스톡홀름에서는 '구멍투성이의 스위스 치즈' 라고 불릴 정도로 지하 공간의 이용이 다발적으로 이루어지고 있다. 그 예로서 총 연장 111km 의 시영 지하철은 역마다 미술 작품들로 장식되어 있어서 세계에서 제일 긴 미술관이라고 칭해지고 있다. 그리고 순환 구간의 대부분을 지하로 계획한 도시 환상도로(Ringroad)도 빼놓을 수 없는 건설물이다. 환상도로에는 자연광을 연상할 수 있는 천장의 조명을 설치했고, 특히 외부와 통한 환기 타워는 랜드마크(landmark)적인 요소를 가진다.

또한 스웨덴을 비롯한 노르웨이, 핀란드 등 북유럽에서는 지하 원유 저장 시설의 개발이 눈에 띄곤 한다. 이는 해당 국가들이 지질학적으로 강도가 높은 화강암이나 편마암 지대에 위치해 있으며, 암반이 직접 노출되어 있는 까닭에 지질 조사 및 굴착이 한결 용이하기 때문이다. 게다가 호수나 연못들이 산재해 있고, 굴곡이 심한 리아스식 해안이 발달되어 있어서 안정된 지하수위를 유지하기 쉽다는 것도 중요한 근인이다. 또한 지진이 없는 무(無)지진 지대이기도 하다. 스웨덴은 처음에는 폐광을 이용해 내부를 콘크리트로 처리한 동굴에 원유를 저장했으나, 1940년대 후반에는 지하수의 압력을 이용해서 자연 동굴에 원유를 저장했다. 그러다가 지하를 굴착해 저장하는 방식을 모색하게 되었다. 결국 1965~1967년에 이 방식으로 고덴베르크에 저장한 것이 처음이다.

노르웨이

낮은 인구밀도로 국토 이용률이 낮은 노르웨이는 과밀 도시와는 상이한 지하 개발 배경을 갖는다. 국토의 70%가 화강암의 한 종류인 경암반으로 형성되어 있어서 터널 공법에 의한 지하 개발이 경제성을 갖는다. 이러한 지질학적 특이성에 의해 표토의 깊이가 낮아 암반이 쉽게 노출되고, 험한 해안 지형인 피오르(fjord : 빙식곡이 침수해 생긴 좁고 깊은 후미)는 토목 공사에 어려움을 주므로 더욱 그 타당성을 인정받고 있다.

노르웨이에서는 법적으로 지방자치체가 지하의 대피 시설을 건설할 의무가 있는데, 이 경우 시설 공사비의 2/3 정도는 정부가 보조하고 있다. 따라서 노르웨이는 전 국민의 50%가 동시에 대피할 수 있는 지하 시설을 보유하고 있다. 또한 현재 750여 개소의 기차 터널, 850여 개소

크빌달 발전소

의 도로 터널 등이 있다.

1916년 이후에는 수력 발전에 주력해 150여 개의 수력 발전소를 건설했는데, 이는 전 세계의 50% 이상을 차지하는 숫자이다. 뿐만 아니라 노르웨이 전력 수요의 99.6%를 충당하는 양이고, 터널의 길이만도 총 3,500km 이상이 되고 있다. 그런데 전쟁 후 건설된 노르웨이의 수력 발전 설비의 대부분은 비용 절감 차원에서 지하에 건설되고 있다. 그 예로 크빌달(Kvilldal) 발전소는 노르웨이에서 가장 큰 규모의 수력 발전소로서 주 터널의 길이가 3.3km이다. 크빌달 발전소에서는 발전 기기가 있는 내부 공간을 콘서트홀로 사용하기도 한다.

노르웨이는 지하 저장 시설의 개발이 본격화되면서 1987년 베르겐(Bergen) 근교의 몽스타(Mongstad)에 지하 원유 저장 시설을 건설했다. 기존 정유 시설의 현대화 및 정유 능력 향상을 위해 지하 LPG 저장 시설도 포함된 이 프로젝트는 6개의 초대형 공동(폭 17m, 높이 33m)을 개발함으로써 저장 능력 130만 m²인 세계 최대의 지하 원유 저장 시설을 갖추게 되었다.

핀란드

핀란드의 지하 개발은 북유럽의 다른 국가들처럼 공공을 위한 방호 시설을 겸하고 있다. 즉, 이중 용도의 시설들이 대부분인 셈이다. 지하 공간이 공공 용도만으로 순수하게 건설된 것은 1980년대 중반에 완성된 레트레티(Retretti) 예술 센터가 대표적인 사례이다. 레트레티 예술 센터는 미술관의 증축을 위한 여러 가지 제안들 중에서 지하 동굴이라는 특성을 이용했다. 이는 지하의 특수한 환경을 이용해 여러 전시 연출 기법 등을 사용한 새로운 전시 방법이라는 면에서 성공을 거두었고, 지

헬싱키의 템펠리아우키오 교회(1)

헬싱키의 템펠리아우키오 교회(2)

하 공간에 대한 부정적인 이미지를 제거하는 데에 큰 역할을 하고 있다. 예술 센터는 연면적 1만 m^2의 미술관, 1만 6,000m^2의 전시 공간, 1,000석 규모의 콘서트홀, 레스토랑, 직원실 등으로 이루어져 있다.

한편 핀란드의 수도 헬싱키에는 바위산에 암굴을 뚫어 만든 템펠리아우키오 교회(Tempelliaukion Kirkko)가 있다. 이 교회는 1969년에 티오모와 투오모 수오마라이넨 형제가 설계한 것으로서 '암석 교회'라고도 불린다. 이 교회의 내부는 천연 암석의 특성을 살린 독특한 디자인으로 유명하며, 자연의 음향 효과를 충분히 고려해 디자인되어 연주회장으로도 자주 이용되고 있다. 또 주변의 자연 환경과도 절묘한 조화를 이루고 있는 이 교회는 핀란드의 현대 건축물 중 가장 뛰어난 것으로 손꼽힌다.

일본

지하 공간 이용의 역사를 지하 철 건설과 함께해 온 일본은 지하 상점을 중심으로 한 지상과 지하 의 연결 공간에 역점을 기울여 왔 다. 특히 지하철역을 비롯하여 상 가, 주차장, 보행자 광장, 통로 따 위가 결합되는 지하가(街)는 단순 히 교통의 결절 지점 역할이나 쾌 적한 보행자 공간의 역할 이상이 다. 즉, 지상의 거점 개발 및 재개 발과 종합적으로 연관되어 네트워 크를 추구하는 기점의 기능을 담 당하고 있는 것이다.

또 1872년 도쿄에 하수도 시설 을, 1887년 요코하마에 상수도 시 설 등을 건설하는 등 사회 기반 시 설 건설도 추진되어 왔다. 1972년 의 도쿄 내 지하 백화점 화재와 1980년 지하가의 대규모 가스 폭 발 이후 개발에 대한 규제가 강화 된 경우도 있었으나 1988년 6월에

도쿄의 지하 도시 계획도

디아모르 오사카 지하가

는 '종합 토지 대책 요강' 이 발표되어 대심도 공간 개발을 추진하기로 결정했다.

도쿄, 오사카 등 일본의 대도시에서는 지가 상승 등의 용지 문제에 관해 고민하면서도 탄탄한 경제력이나 건설 기술을 바탕으로 착실히 지하 시설을 확충해 가고 있는 실정이다. 인구 100만 이상의 대도시에서는 지하철이 정비되고 있으며 도쿄, 오사카 등에서는 주변 도시와 연결하는 지하철 연장 계획이나 신선 및 근교 전철과의 상호 연장 계획 등이 꾸준히 실시되고 있다. 또한 지하역 건설 시에는 주변 건물과의 지하 연락도와 지하상가, 지하 주차장 등의 병설도 함께 건설·시행되고 있다. 더불어 교외 전철의 주요 역사에서는 역전 광장이나 지하 주차장, 쇼핑 센터 등이 건설되고 있다.

오사카의 우메다(梅田) 역과 기타신지(北新地) 역 사이에 위치한 한신 백화점을 중심으로 빌딩 지하가와 역사(驛舍)는 거미줄처럼 연결되어 있다. 디아모르 오사카 지하가(Diamor Osaka Under ground Shopping Mall)는 한신 백화점과 한큐 백화점 지하와 인근 빌딩을 연결한 화이티 우메다(Whity Umeda) 지하가 남쪽에 위치한다. 공공장소인 지하보도는 대부분 넓고 천장이 높은 탓에 밝고 화려하다. 한신 백화점 남쪽 방면의 디아모르 오사카는 중앙 광장에서 오사카 다이니치 호텔과 연결된 성큰(sunken : 건물 입구를 통하지 않고 외부에서 해당 건물의 지하로 내려갈 수 있도록 위가 튼 공간)을 갖추고 있다. 그리고 5개 방면으로 지하가를 연결하고 있는 높고 넓은 지하 보행 공간, 다양한 양식의 건축 내장, 잘 정비된 표지물, 파스텔 톤의 밝고 화려한 색조 등이 돋보인다. 특히 바닥은 크고 작은 자연석을 모자이크 기법을 이용해 모양 그대로 포장했으며, 규격이 크고 색감이 밝으며 유려한 폴리싱(poli- shing) 타일도

신주쿠 지하상가의 입구

신주쿠의 지하상가

많이 사용했다. 따라서 지하상가인데도 전혀 지하에 있는 것 같지 않은 느낌을 준다.

신주쿠 광장의 중앙에는 지하상가 겸 주차장으로 내려가는 램프웨이(rampway)가 자리하고 있으며, 지상에는 마치 조각 작품 같은 배기 탑과 쿨링타워가 설치되어 있다. 시설물 구조는 광장 및 광장 주변 간선도로, 광장 주변 빌딩의 지하를 이용해 개발되었기 때문에 지하가 흡사 거미줄처럼 엮여 있다. 지하 1층과 2층이 똑같이 1만 5,000m²의 규모를 갖추고 있는 신주쿠 지하상가는 연건평 3만 m²로서 1969년에 1공구가 준공되었고, 1974년에 2공구가 준공되었다. 지하 1층의 점포는 의류를 주

일본의 수도권 외곽 방수로

일본의 수도권 외곽 방수로 지상

축으로 한 소매업의 형태이며, 지하철 역사와 연결되어 있다. 그리고 음식점이 많은데도 통풍 시설이 잘 되어 있어서 냄새가 나는 것을 막을 수 있다. 또한 지하 2층은 주차장 및 기계실로 구성되어 있으며, 주차할 수 있는 차량의 숫자는 약 350대 정도이다.

사이타마의 지하에 존재하는 수도권 외곽 방수로의 기둥 수는 59개로, 그 모습이 아테네의 파르테논 신전에 비유된다. 수도권 외곽 방수로는 도쿄 인근의 지바 현과 사이타마 현을 흐르는 나카 천(中川), 쿠라마쓰 천(倉松川) 등의 작은 하천이 태풍 따위에 의해 수량이 증가해 홍수 위험이 있을 때에 재빨리 이 물을 에도 천(江戸川)으로 빼내기 위한 조치이다.

사이타마 현 북동부를 흐르는 나카 천 유역은 최근 주택지가 급속도로 확대된 구역으로서 매년 침수 피해가 잇따르고 있다. 그리하여 2006년도를 완공 예정의 해로 잡았었으나 이미 2002년 6월부터 실험적으로 물을 흘려보냈었다고 한다. 2004년 10월에 태풍 22호가 불어

닥쳤을 당시 폭우는 상당한 피해를 냈을 만한 강우량이었지만(사이타마현의 스기도에 173mm), 침수된 집은 하나도 없었다고 한다. 이 방수로가 침수 피해를 줄이는 데에 큰 도움을 주는 것이 확인된 셈이다.

약 6,300m의 길이에 달하는 방수로는 나카 천, 쿠라마쓰 천, 18호 수로 등에서 물을 모아 5개의 관과 지하 수로, 최종적으로 에도 천으로 빼내기 위한 배수 시설 등으로 구성되어 있다. 일반 수영장의 평균 크기인 $25m^3$의 풀장이 약 900개 분량이라고 생각하면 되는데, 이는 18만 톤가량의 물을 저장할 수 있는 규모이다. 그러므로 큰비가 왔을 때에는 방수로를 따라 들어온 물이 이곳을 채우면 펌프에 의해 에도 천으로 흘러가게 된다. 방수로 전체의 저수량은 약 67만 톤이다. 이렇게 거대한 수조에 채운 물이 새어 나가지 않게 하고, 또 그 수압을 견딜 수 있게 한 것은 실로 대단한 기술이 아닐 수 없다.

눈에 보이지 않는 쓰레기인 이산화탄소의 보관

산업혁명 이후 산업화가 진행되면서 화석연료의 사용이 급격히 증가했다. 화석연료는 연소 시에 이산화탄소 및 이산화질소 등 산화물을 발생시키고, 이러한 산화물은 지구의 온난화를 부추기고 있다. 화석연료의 연소물로 발생하는 이러한 온실가스는 지구 표면에서 대기로 방출하는 복사 에너지를 흡수해 지표면으로 다시 되돌리면서 지구 전체의 온도를 상승시킨다. 현재 세계는 지구 온난화에 대한 대책을 세우기 위해 노력 중이다.

지구의 평균 기온은 최근 100년 사이에 약 0.5℃ 상승했다. 극지방의 빙하는 녹아서 해수면이 평균 30~40cm나 상승했다는 보고도 있다. 지구의 온도 상승은 빙하기와 간빙기의 순환에 의해 나타나는 자연 현상의 일부분이기도 하지만, 인류가 걱정하는 것은 이번의 온도 상승이 과거의 패턴과는 다르게 나타나고 있기 때문이다.

이산화탄소는 지구 온난화에 영향을 미치는 대표적인 온실 가스로서 온도가 상승함에 따라 빙하가 녹고, 해수면이 상승하며, 이에 따라 육지의 면적은 감소하고 있는 추세이다. 따라서 동식물뿐만 아니라 인간도 삶의 터전을 빼앗길 수 있다. 이에 따라 추운 곳에 사는 생물들은 더 극지방으로 이동하는 경향이 관찰되고 있으며, 각국은 폭염, 폭설, 폭우 등의 이상 기온으로 극심한 피해를 입고 있다. 이는 인간의 지혜로운 사고를 통해 적극적으로 해결해야 할 문제이다.

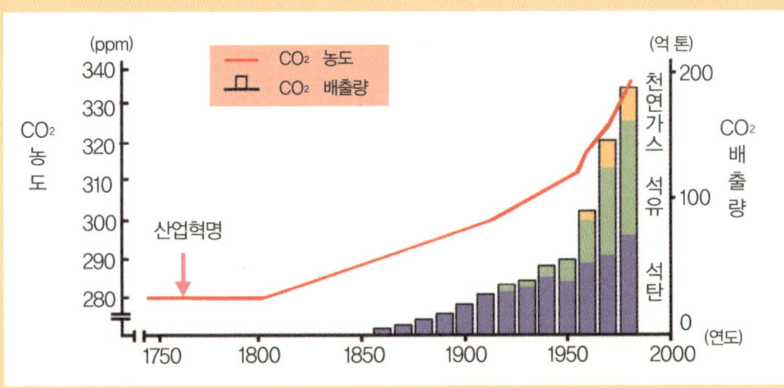

연도별 이산화탄소 배출량

현재 세계 각국은 온난화를 막기 위해 이산화탄소의 배출을 제한하는 '교토 의정서'라는 조약을 맺고 있다. 이는 점차적으로 이산화탄소의 배출량을 줄여서 지구 온난화의 가속도를 감소시키고, 궁극적으로는 이산화탄소 및 여섯 가지의 온실 가스를 일정 수준 이하로 관리하는 것이 목적이다. 이미 산업 발전이 상당 부분 진전되어 있는 선진국, 다시 말하면 이미 온실 가스를 대량으로 배출했던 국가들과 산업 발전을 위해 화석연료를 대량으로 사용해야 할 개발도상국들 간의 이견으로 시행 여부에 난항을 겪었지만, 온실 가스 배출 억제에 대한 필요성에 따라 2005년 2월 16일에 공식 발효되었다.

우리나라가 포함된 개발도상국들은 현재 의무 감축국은 아니지만, 2002년 IEA(국제에너지기구)의 통계에 따르면 한국의 연간 이산화탄소 배출량은 2000년을 기준으로 했을 때 4억 3,400만 톤으로 세계 9위이며, 이는 세계 전체 배출량의 1.8%이다. 더욱이 1990년 이후 85.4%로 나타나 세계 최고의 배출량 증가세를 기록하고 있기 때문에 의무 대상국으로 분류될 가능성이 높다. 그러나 미국은 전 세계 이산화탄소 배출량의 28%를 차지하고 있지만 자국의 산업 보호를 위해 2001년 3월에 탈퇴했다.

대기 중 이산화탄소의 양은 식물의 광합성을 통해 적정하게 유지되어 왔다. 그러나 현재의 산업 활동에 의해 발생되는 양은 광합성만으로는 부족하며, 이에 대한 대책으로 이산화탄소를 저장하는 방법이 제안되고 있다. 대기 중의 이산화탄소를 모아서 지하나 해저에 저장함으로써 대기 중의 이산화탄소의 농도를 낮추고, 온실 효과를 줄이는 방법이 그것이다.

지하 공간은 대기와의 차단성이 강해 기체나 액체가 유출되는 것을 효과적으로 막을 수 있다. 이러한 지하 공간의 특성을 이용해 노르웨이의 석유 회사인 스타트오일은 1996년부터 천연가스 생산 과정에서 발생된 이산화탄소를 분리해 해저에 저장하고 있다.

지하 공간은 차단성뿐만 아니라 항온 상태의 유지에도 유리하다. 지표는 온도가 크게 변해도 지표에서 조금만 내려가면 지하의 온도는 일정하게 유지된다. 해저의 심해도 온도가 일정하게 유지되는 것과 비슷하다. 게다가 외부의 충격에도 강해 외부 조건에 민감한 액체 및 기체를 보관하기에 매우 좋은 조건을 갖추고 있다.

노르웨이는 우리나라처럼 국토의 대부분이 산지로 이루어져 있으며, 평균 기온이 낮아서 지상에서는 활동하기가 힘들다. 이러한 국토의 비효율성에 비해 지하의

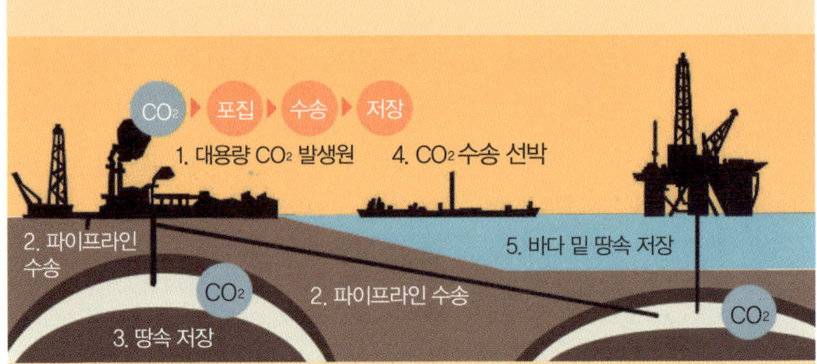

이산화탄소를 분리해서 저장하는 과정

암반 상태는 매우 양호해 요빅(Gjovik) 경기장 등의 지하구조물을 굴착한 후 아무런 공학적인 처리 없이 사용할 수 있는 강점을 가지고 있다. 이러한 지하 개척의 기술을 바탕으로 지구 온난화 저지에 반하는 온실 기체들을 지하 공간에 저장하는 기술이 탄생되었다.

아직까지 이러한 가스를 액화시킨 후 지하에 보관하는 것에 대한 환경적인 검토가 명백하게 이루어지지 않았지만, 인간이 생활하기에 가장 적합한 지상 공간의 효율성을 높이는 방안으로 이러한 지하 공간의 이용도 획기적인 발상의 전환이라고 할 수 있을 것이다. 삼면이 바다로 둘러싸인 우리나라 역시 계속되는 매립에 의한 육상 및 해안 생태계의 파손과 손실을 감안할 때 영해 하부의 지하 공간의 활용도 적극적으로 검토해야 할 것이다.

국내의 지하 도시 건설 현황

　오늘날 국내에서의 지하 공간 개발은 다른 나라에서와 마찬가지로 산업의 발전과 도시화의 진전이 함께 찾아오면서 본격화되었다. 1970년대 이후 경제가 급속도로 발전하면서 경제적·환경적 부문에 관한 도시 개발의 필요성을 절감한 것이다. 뿐만 아니라 지하 공간이 산업 시설로서의 충분한 이용 가능성이 대두되자 그 개발에 더욱 박차를 가하게 되었다. 국내의 지하 공간 개발은 1967년 지하상가의 개발을 효시로, 원유 및 가스 따위의 지하 비축 시설 등에 대한 지하 공간이 제한적으로 활용되기 시작했다.

　1970년대에는 지하철 1호선, 남산 1, 2, 3호 터널 등 도시 교통 시설 확충을 위한 지하 개발이 본격화되었을 뿐만 아니라, 지하철 역사 내의 지하상가와 지하도 등까지도 활발하게 개발되었다. 1980년대에는 지하철 2, 3, 4호선의 개발은 물론 지하철 2, 3호선의 각 역마다 연결 구간의 지하상가 연계 사업(시청-을지로 구간 등) 및 신도시 개발에 따른 공동구의 체계화 등이 단계적으로 이루어졌다. 1990년대에 들어서는 지하 주차장, 지하 차도, 지하 하수처리장, 지하 환승장 등 다각적으로 지하 공간이 개발되었다.

지하상가는 1967년 12월에 총 면적 1,085m²의 서울 시청 앞 새서울 지하상가를 시초로 개발되었다. 이어서 1970년에 인현 지하상가, 1971년에 신당 지하상가, 새인천 지하상가 등이 연달아 개설되었다. 특히 1974년 지하철의 개통을 기점으로 개발이 보다 본격화되기 시작했다. 그리하여 2011년 현재 서울, 경기, 인천 46개소, 강원 2개소, 충남·대전 2개소, 충북 2개소, 대구 3개소, 전남·광주 4개소, 경남·부산 8개소, 제주 1개소 등 전국적으로 총 68개소의 지하상가가 개발되기에 이른 것이다.

대표적인 상가로는 고속버스터미널역과 연결되는 강남 지하상가와 잠실역과 연결되는 잠실 지하상가 등이 있다. 최근에는 단순한 지하상가의 역할만 하는 것이 아닌 종합 쇼핑몰의 건설이 지하철역과 연계되어 개발되고 있다. 그만큼 고도의 시너지 효과를 창출할 수 있기 때문이다.

삼성역에 위치한 코엑스몰은 지하철, 무역센터, 호텔, 백화점, 도심 공항을 잇는 레저와 업무가 복합된 복합 컨벤션 센터이다. 총 면적은 11만 8,800m²이며, 공용 통로의 길이는 663m이다. 내부에는 수족관, 영화관, 음식점, 쇼핑몰 등이 있어서 편리하게 레저 문화를 즐길 수 있는 국내 최대의 엔터테인먼트 쇼핑몰이고, 그 외에 의류점, 수영장, 병

잠실의 지하상가 입구

광화문의 지하보도

원, 전자 상가 등 거의 모든 업종이 배치되어 있다.

차량 대수의 급증과 더불어 도심지의 지하 주차장도 중요한 지하 공간의 활용 예를 차지한다. 서울시의 경우 교통종합대책 장기 계획을 통해 1단계 6개소 5,124대분의 지하 주차장과 2단계 13개소 5,800대분의 지하 주차장을 건설할 계획을 수립했다. 이에 따라 세종로, 종묘, 동대문운동장, 서소문 등에 민자 유치에 의한 대규모 공공 지하 주차장이 건설되었다.

지하철은 서울, 부산에 이어 대구, 광주, 인천, 대전 등에 건설되어 운행되고 있다. 2011년 현재 서울 지하철의 연장은 352km이고, 부산은 130km, 인천은 58.6km, 대구는 53.9km, 대전 22.7km, 광주 20.1km로 총 637.3km에 달하며, 지금까지도 꾸준히 건설되고 있다. 이렇듯 날로 확장되고 있는 지하철의 건설은 급속히 악화되고 있는 도시 교통의 문제를 해결하려는 기본적인 기능 이외에 지하 공간의 적극적인 활용에 대한 기폭제가 된다는 측면에서도 그 의미가 매우 크다고 본다.

터널은 1926년 여수의 마래터널을 시작으로 서울에는 남산터널이 개

<table>
<tr><td>남산 제1호 터널</td><td>남산 제2호 터널</td></tr>
</table>

통되었고, 지금까지도 계속해서 건설되고 있다. 그리하여 터널은 도로의 확충과 더불어 그 수가 점차 늘어나 2007년에는 총 연장 755km에 이르렀다. 또한 터널 건설 기술이 발달하고 전국이 일일생활권화됨에 따라 앞으로도 터널의 수요는 꾸준히 증가할 것으로 전망된다.

상하수도는 1970년대 이후 꾸준히 그 시설을 확충해 가고 있다. 시·도별 하수도 보급률은 2009년을 기점으로 서울특별시 100%, 광주광역시 98.5%, 대구광역시 99.8% 등으로 사회 기반 시설로서의 역할을 거뜬히 해내고 있다. 또한 상수도관은 현재 총 15만 4,435km이며, 보급률은 93.5%이다.

지하 공간 개발은 지상에서의 개발과 비교했을 때 실행 과정에서 꽤 오랜 시간을 필요로 한다. 뿐만 아니라 막대한 공사 비용까지 감안해야 한다. 따라서 지하 공간을 개발하고자 할 때에는 도시 계획 차원에서의 종합 개발 계획을 수립해 진행하는 것이 바람직하다. 또한 지하 공간 개발 후에도 운영 면에서의 유지·관리 및 안전 관리에 더욱 힘을 써야만 할 것이다. 지하에서 가스 폭발 같은 재난이 발생할 경우 지

세종로의 지하 주차장

인천 지하철 1-4 공구

상에서보다 피해가 더욱 크게 나타날 수 있으므로 안전 관리에 각별한 주의가 요구된다. 이 밖에도 환기, 진동, 지하수 배수 처리 문제 등 고려해야 할 사항이 대단히 많다. 지하 도로의 경우 교통사고 처리 문제에 대한 부분도 염두에 두어야 할 것이다.

그리고 지하 공간을 형성하기 위해서는 무엇보다 지하 공간에 대한 인간의 적응성에 관해 충분한 연구가 뒷받침되어야 한다. 앞서 잠시 언급한 바 있지만, 지하 공간은 폐쇄된 느낌이 들기 때문에 심리적 부담감을 안겨 주기 쉽다. 즉, 지상 생활에 익숙한 우리 신체에 일종의 부작용을 일으킬 가능성이 크다는 것이다. 그러므로 지하 공간을 개발하기 위해서는 고도의 기술과 장비가 필요하다. 일반적으로 지하 공간은 지상 공간에 비해 환기 부족에서 오는 탄산가스(CO_2)의 농도가 높아질 수 있으나, 온도와 습도의 조절과 더불어 환기 설비의 보완으로 지상 공간과 대등한 환경을 만들 수 있다. 또한 실내 장식을 자연 환경과 비슷하게 하고 조명에 자연광을 이용하거나 자연광과 비슷하게 하는 최적 인공 조명 등을 사용해 지하 공간에 대한 인간의 적응도를 고양시킬 수 있다.

인간은 오래전부터 지하 공간을 피난처나 주거지로, 그리고 그 외의 목적으로 이용해 왔다. 그리하여 지하 공간은 여러 가지 목적하에 지상 공간 대신 다양한 활용이 가능하게 되었다. 지하 공간은 대개 갇힌 듯한 느낌이 들어 심리적 부담감을 들게 함은 물론, 지상 생활에 익숙한 우리 인간에게 신체적인 부작용을 낳을 수 있다는 우려를 안겨 주기도 한다. 그러나 현대의 발달된 지하 시설의 설비 공법과 개선된 설계는 지하 공간이 가지고 있던 종래의 개념을 과감히 바꾸어 놓을 수 있게 되었다.

또한 온도 조절, 소음 방지 등과 같이 지상의 시설에 비해 지하 공간이 가질 수 있는 여러 가지 상대적인 장점들은 지하 공간 개발의 필요성을 더욱 증대시키고 있다. 지하 공간을 활용함으로써 기존에는 평면적으로 사용했던 공간들을 입체적으로, 즉 효율적으로 사용할 수 있게 된 것이다. 지하 공간은 어떻게 사용하느냐에 따라 그 가능성을 무한히 경험할 수 있다. 따라서 지하 공간의 환경이 인간에게 어떠한 영향을 미치는가에 대해 보다 심도 있는 연구가 이루어져야 한다. 비록 지금은

통영의 해저 터널

<표 4> 지하철 건설 현황(자료 : 건설교통부 육상교통국 도시철도과)

지역별	구분	구간(section)	길이(km)	착공	준공	역 수
	계(total)		637.3			602
서울	소계		352			319
	1호선	서울역 – 청량리	7.8	1971. 4. 12.	1974. 8. 15.	10
	2호선	시청앞 – 시청앞	60.2	1978. 3. 9.	1996. 3. 20.	54
	3호선	대화 – 오금	38.2	1980. 2. 29.	1993. 10. 30.	43
	4호선	당고개 – 오이도	31.7	1980. 2. 9.	1994. 4. 1.	26
	5호선	방화 – 상일동, 마천	52.3	1990. 7. 11.	1996. 12. 15.	51
	6호선	봉화산 – 연신내	35.1	1994. 1. 8.	2000. 12. 15.	38
	7호선	장암 – 온수	57.1	1990. 12. 30.	2012	42
	8호선	암사 – 모란	17.7	1990. 12. 30.	1999. 7. 2.	17
	9호선	김포공항 – 보훈병원	40.5	2001. 12. 29.	2015	25
	우이 – 신설 경전철	우이동 – 신설동	11.4	2009. 9. 26.	2014	13
부산	소계		130			129
	1호선	노포 – 신평	32.5	1981. 6. 23.	1994. 6. 23.	34
	2호선	양산 – 장산	45.2	1991. 11. 28.	2009. 10. 1.	43
	3호선	대저 – 수영	18.1	1997. 11. 25.	2005. 11. 28.	17
	4호선	미남 – 안평	10.8	2003. 12. 3.	2011. 3. 30.	14
	부산 – 김해 경전철	사상 – 삼계	23.4	2006. 2. 15.	2011. 9. 16.	21
인천	1호선	계양 – 국제업무지구	29.4	1993. 7. 5.	2009. 6. 1.	29
	2호선	오류동 – 운연동	29.2	2009. 6. 26.	2014	27
대구	1호선	안심 – 대곡	25.9	1991. 12. 7.	2002. 5. 10.	30
	2호선	문양 – 사월	28	1996. 12. 19.	2005. 10. 18.	26
대전	1호선	판암 – 반석	22.7	1996. 10. 30.	2007. 4. 17.	22
광주	1호선	평동 – 녹동	20.1	1996. 8. 28.	2008. 4. 11.	20

터널 내 도로 포장 공사

터널 갱구 구축(bell mouth 형식)

지상의 공간에 익숙해져 있는 우리들이더라도 필요하다면 언제든지, 그리고 얼마든지 지하 공간을 삶의 터전이나 생활 영역으로 다시 이용할 수 있게끔 개발이 가능해져야 한다.

무턱대고 땅을 파고 지하로 들어간다고 해서 지하 도시가 건설될 수 있는 것은 아니다. 이것이 과거에는 가능했는지 모르지만, 현대에서는 아무런 의미도 갖지 못한다. 자연의 혹독함 혹은 지배 계층의 시선 등 두려운 요소를 피해 생활환경과는 무관하게 오로지 생존만을 위해 땅 속으로 들어가던 것이 과거의 방식이었다면, 현대에는 더 나은 생활 여건에 대한 욕구 충족을 위해 지하 공간을 이용하기 때문이다. 따라서 현대인들의 욕구를 충족시키기 위해서는 지하 공간을 개발하는 과정에 많은 기술이 요구된다.

지하 공간을 효율적으로 활용한 사례는 이미 적잖이 존재한다. 지하 공간 개발을 위한 현대의 공학 기술이 그만큼 많은 발전을 이룩했다는 것이다. 또한 앞으로도 이에 관한 연구는 꾸준히 계속될 것이다. 현대의 지하 공간 활용에 대한 요구와 이것을 뒷받침하는 기술력의 향상으로 미루어 보아 소위 '지하 도시' 라는 것을 건설하게 될 날도 멀지 않았다.

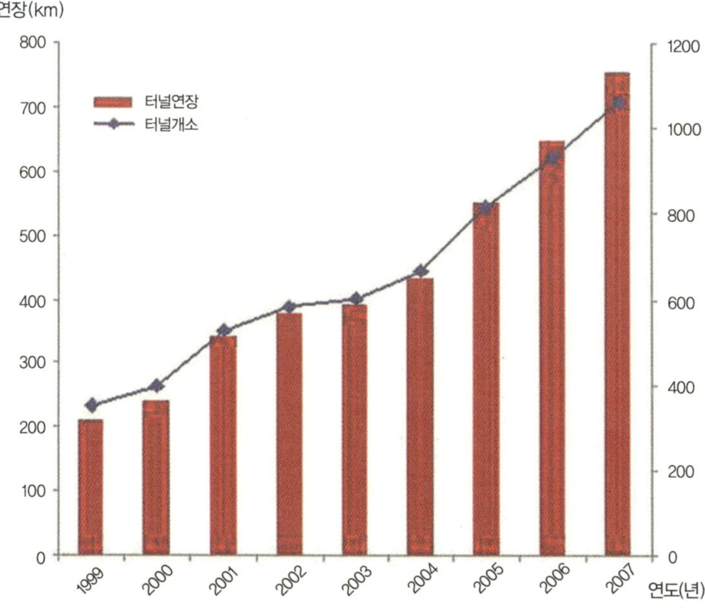

연도별 터널 연장 (자료 : 2007년 국토해양부 도로관리청)

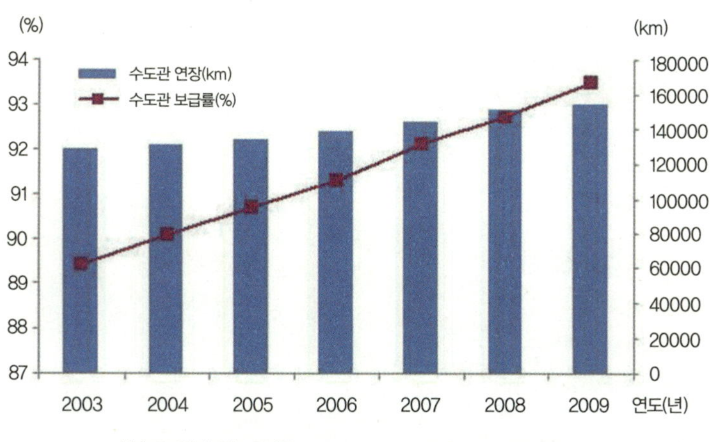

상수도 연장 및 보급률 (자료 : 2009년 환경부 상수도 통계)

〈표 5〉 시대별 지하구조물의 분류

	국외	국내
B.C. 70만		
B.C. 2만	베이징원인의 동굴 거주	
B.C. 1만	호주, 영국 등지의 동굴 거주	
B.C. 4000	터키의 카파도키아 지하 도시	
A.D. 0	중국 황토 고원인 요동	
A.D. 500	카타콤	
	터키의 지하의 궁전	경주 석빙고 석굴암
A.D. 1800	파리의 대규모 하수도 터널 구축 도쿄의 하수도 건설 요코하마의 상수도 건설	
A.D. 1900	뉴욕의 지하철 노르웨이의 수력 발전소	
A.D. 1950	뉴욕의 록펠러센터	
A.D. 1960	몬트리올의 지하 네트워크 스톡홀름의 환상도 스웨덴의 지하 원유 저장 시설 핀란드의 템펠리아우키오 교회	새서울 지하상가
A.D. 1970	일본의 신주쿠 지하상가 토론토의 지하 네트워크 퀘벡의 음악학교 파리의 르 아르 지구 재개발 캐나다의 이튼센터	서울 지하철 1호선
A.D. 1980	파리의 루부르 미술관 미국의 미네소타 대학 지하 공간 연구 센터 핀란드의 레트레티 예술 센터 노르웨이의 세계 최대 지하 원유 저장 시설	
A.D. 1990	노르웨이의 요빅 지하 아이스하키장	
A.D. 2000	일본의 수도원 외곽 방수로	삼성 코엑스몰

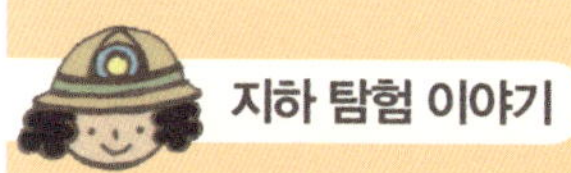

한일 해저터널

　동양 최초의 해저터널은 소설 『토지』 속에서도 친숙하게 접할 수 있는 '통영 해저터널'이다. 1931년에 착공해 1년 4개월 만에 완성된 이 해저터널은 길이 483m, 폭 5m, 높이 3.5m로서 바다 양쪽을 물막이로 막고 개착하여 콘크리트로 건설하는 공법으로 만들어졌다. 이후 향상된 토목 기술로 여러 해저터널들이 만들어졌으며, 현재 영국과 프랑스를 잇는 20세기 7대 불가사의 중 하나인 채널터널(Channel Tunnel)이 개통되어 사용되고 있다.

　현재 한국과 일본을 잇는 한일 해저터널에 대한 논의가 활발하게 이루어지고 있다. 일본 측에서 제안한 한일 해저터널의 노선 구상은 세 가지로서 모두 대마도(쓰시마 섬)를 지나고 있으며, 최단거리인 거제도를 연결하는 구간과 부산을 잇는 구간으로 구성되어 있다. 만약 시공이 된다면 해저 구간만 최소 128km에서 최대 145km로, 세계 최장의 해저터널이 될 전망이다.

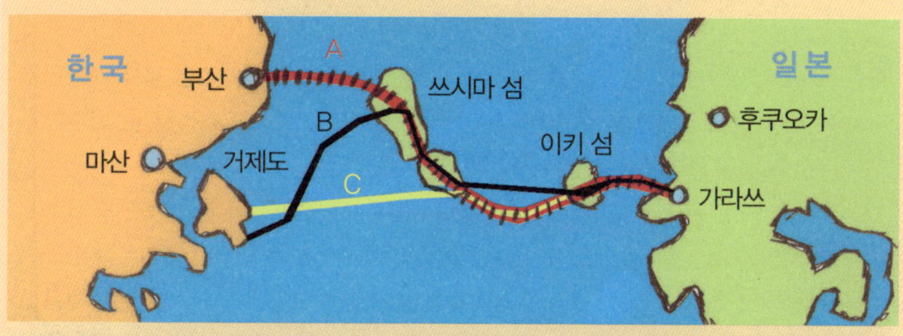

	총 연장	최대 수심	육상 거리	해저 거리	특징
A안	209km	155m	64km	145km	대단층 우회 해저 구간이 가장 길다.
B안	217km	160m	76km	141km	쓰시마 횡단
C안	231km	220m	103km	128km	노선이 비교적 직선으로 주행성 양호. 대단층 통과

한일 해저터널의 노선 구상안

일본 측이 구상한 한일 해저터널의 구상안과터널을 잘라 본 가상 단면도

사실 한일 해저터널은 1930년대의 일본 군부가 일본열도 대륙화의 야망을 품고 시모노세키와 부산을 해저터널로 이어 베이징까지 연결하려는 구상으로 시작되었다. 그 후 1941년에 지질 조사 및 탐사가 이루어졌으나 태평양전쟁의 발발로 중단되고 말았다.

부산 시청의 토목기술연구회 및 일본의 일한터널연구회에 따르면 공사 기간은 15~20년 정도 소요되며, 공사비는 약 100조 원이 들 것이라고 추정된다. 과연 한일 해저터널의 경제적 효과는 무엇일까?

해저터널 시공 시 예상할 수 있는 이익은 물류비용의 절감과 함께 북한에 사회 기반 시설의 개발을 촉진시킬 수 있는 기회를 마련하는 것이다. 또한 인적·물적 교류의 증대로 유라시아와의 문턱을 더욱 좁힐 수 있을 것으로 예상된다. 일본이 해저터널 건설에 적극적인 지지를 보내고 있는 이유는 일본에서 한국을 지나 중국과 유럽으로의 교역을 안정적으로 확대시킬 수 있기 때문이다. 현재 일본과 유럽 간의 해상을 이용한 운송 기간은 20일인 데 반해 해저터널을 이용한 새로운 경로를 확보했을 경우에는 7일이면 가능하기 때문이다. 또한 물류비용 역시 4분의 1로 줄어들 것으로 예상된다. 하지만 한국은 다소 소극적인 입장이다.

학자들 사이에서도 찬반 논란이 팽팽하게 전개되고 있으며, 민족 정서적인 부분도 미묘하게 엮여 있기 때문이다. 분명한 것은 사회적인 파장(땅값의 급상승 및 그에 따른 투기 등)을 일으키지 않고 대규모의 일자리를 창출할 수 있으며, 물류의 중계지로서의 이윤 창출을 이룰 수 있다는 것이다.

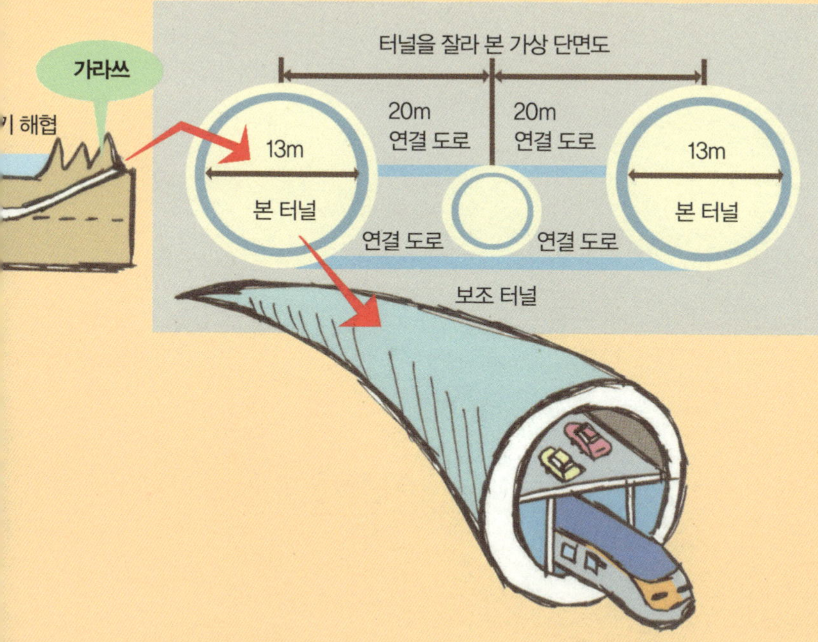

한일 해저터널을 건설할 경우에 적합한 공법은 지질과 지형 조건을 감안했을 때 NATM(New Austrian Tunneling Method)이 적합하다는 연구 결과가 제시되었다. NATM은 암반을 굴착함과 동시에 콘크리트 라이닝을 설치해 터널을 보강해 나가는 공법으로서 기존의 터널에 비해 경제적이며, 초기 변형을 억제함으로써 보다 안전하게 터널을 구축하는 공법이다. 또한 지질 변화에 대응하기 쉬워 복잡한 변화가 있는 장대 터널에서도 즉각적인 대처가 가능하다.

이러한 특징은 최소 128km에 달하는 한일 해저터널에 적합하다고 할 수 있을 것이다. 또한 새로운 교통수단으로서 세 가지 교통편을 구상하고 있다. 시속 100km 이상의 자동차 전용 해저 고속도로와 시속 350km의 초고속열차 그리고 마지막으로 시속 700km의 비행기 속도와 비슷한 리니어 모터카이다. 이 중 리니어 모터카를 이용하면 서울에서 일본의 후쿠오카까지 2시간이면 도착할 수 있을 것으로 예상된다.

우리의 한일 해저터널만이 아니고 서해를 관통하는 한중 해저터널도 생각할 수 있지 않을까?

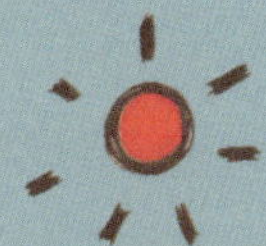

04

미래의 지하 도시를 향한 노력

　지하 및 우주, 해저 도시는 예부터 많은 사람들의 호기심과 상상의 대상이었다. 지하에 구축한 도시에서 인공 태양이 빛나고 태양광을 연료로 한 자동차와 개인용 비행기들이 매연 없는 쾌적한 공간에서 유영하는 상상을 누구나 한 번은 해 보았을 것이다. 지난 오랜 시간 동안 인간은 소설이나 영화 등에서 미래 도시의 청사진을 그려 왔고, 당시에는 말도 안 된다고 생각했었던 기술들을 하나하나 현실화시켜 나갔다. 달에 인류의 발자국을 찍었고, 100여 개의 인공위성을 쏘아 올려 지구 곳곳 그리고 우주의 행성들을 속속들이 관찰하고 있다. 지구로부터 약 155억 km 떨어져 있는 보이저 1호(Voyager 1)는 지난 1977년에 NASA에서 발사되었으며, 현재까지 인류가 만든 물체 중 지구에서 가장 멀리 떨어져 있는 위성이다.

　이와 같이 많은 위험 부담을 안고서라도 우주로 위성을 쏘아 올리는 이유는 물론 지구를 관찰하려는 목적도 있겠지만, 우주 공간 개발을 위해 각 행성들의 특성을 파악하기 위함도 간과할 수 없다. 이러한 상황으로 비추어 볼 때 지하 공간은 불확실성이 크기는 하지만 굴착해서 눈으로 확인할 수 있을 뿐 아니라 뛰어난 접근성 때문에 적극적인 활용이 가능하다. 우주 공간의 개발만큼 신선하고 획기적이지는 않지만, 체계적인 계획과 그에 따르는 기술력이 뒷받침된다면 지상 공간에 견줄 수 있는 쾌적한 공간을 개척할 수 있을 것이다. 이 장에서는 영화 속에서 그린 지하 도시와 인류가 건설한 거대 지하 공간 그리고 소설과 만화영화 등을 바탕으로 발전시킨 지하 공간 설계에 대한 이야기를 풀어 냈다. 자, 이제 지하 도시들을 즐겨 보자.

Enjoy the underground world!

상상 속의 지하 도시

　　화석연료의 과다 사용으로 지구의 에너지는 점차 고갈되어 가고 있으며, 대기의 온난화 현상까지 걷잡을 수 없이 가속화되고 있는 실정이다. 게다가 인구의 수가 증가함에 따라 도시는 이제 포화 상태에 이를 지경이다. 이를 해결할 방안으로 다양한 미래 도시가 제시되었는데, 그 가운데 실현 가능성이 가장 높은 것이 바로 지하 도시라는 의견이다.

　　그리하여 오늘날 세계 각국에서는 지하 도시 계획을 실제로 수립·이행하고 있다. 예컨대 일본은 고베 지진 등 재난을 겪으면서 더욱 안전한 공간을 확보하고자 발 빠른 움직임을 보이고 있다. 에너지를 절약하겠다는 목표하에 에너지 절약형 지하 도시인 '앨리스 시티(Alice City)'를 구상했으며, 격자형 거점 도시라는 의미의 '도시 지오그리드(urban geo-grid)' 계획을 수립한 바 있다.

　그렇다면 아직 구상 단계에 머무르고 있는 미래의 지하 도시가 과연 실현될 수는 있는 것일까? 영화나 소설 따위에 등장하는 미래의 지하 도시는 어떠한 모습을 갖추고 있는지 살펴보자.

　영화 '메트로폴리스'나 '혹성 탈출 2'에서처럼 인류는 아주 오래전부터 지하 도시를 미래의 상징으로 간주해 왔다. 각종 재해를 피하기 위한 조치라든가, 현실적이고 혁신적인 지구의 발전 전략으로 '지하'라는 소재를 다양하게 다룬 것이다. 이것은 미래에 대한 인류의 비전이 바로 지하 공간에 있음을 항시 염두에 두어 왔다는 뜻이다. 그리하여 지하도 지상과 같은 하나의 세계임을 인정하여 연구하고 개발해야 할 필요성을 꾸준히 시사해 온 것이다. 비록 허구로 만들어진 시대적 배경과 무대이지만, 결코 신빙성이 없는 내용은 아니라는 점에 우리는 주목해야 한다. 이는 영화나 소설 등에서 그려졌던 미래의 모습이 상당 부분 현실화되어 가고 있는 까닭이다.

영화 '메트로폴리스'

영화 '혹성 탈출 2 : 지하 도시의 음모'

● **지하 세계의 지표** 약 3/4은 육지, 1/4은 물(대양)

● **지구 내부의 태양** 하늘 한가운데에 '연기의 신(The Smoky God)' 이라고 불리는 내부 태양이 동쪽에서 떠올라 서쪽으로 짐(실제로는 모든 방향에 대해 동일한 힘으로 작용하는 불변의 힘 때문에 고정되어 있으며, 낮과 밤의 효과는 지구의 자전 탓에 생기는 것이라고 믿음). 그것은 태양처럼 빛으로 빛나는 것이 아니고, 하얗고 온화하며 반짝이는 구름으로 둘러싸인 붉은 공 모양의 형태임.

● **평균 수명** 600~800세

● **평균 신장** 3m 이상의 거인족(族)

● **교통수단** 수평 이동은 물론 직(直)상승 · 하강 등이 자유자재로 가능한 자기부상 열차와 목적지로 신속히 이동하는 바퀴 없는 도로를 이용

● **주요 산업** 농업. 모든 동식물은 지하 세계의 사람처럼 거대함. 나무의 높이는 수십 내지 수백 미터이고, 포도송이는 오렌지만 하며, 사과는 사람 머리보다 크다. 코끼리(매머드)는 키가 23~26m 정도로 6~7층짜리 건물 높이만 하고, 새알 하나의 크기는 약 60cm 길이에 폭은 38cm에 달함.

● **기후** 24시간마다 한 번씩 비가 적절하게 내리는 것 외에는 대체로 일정. 대기는 '연기의 신' 에 의해 고도로 충전된 전류자기장으로 충만하며, 이것이 동식물의 거대 성장과 장수를 가능케 하는 주원인

● **교육** 20세부터 30년간 학교생활(그중 10년은 음악 공부에 소요)

● **결혼** 75~100세 이후

● **주택** 주요한 모든 부분은 금으로 세공

다소 황당한 이야기일 수 있겠지만, 위의 항목들은 올라프 얀센(Olaf Jansen, 1811~1906)이라는 노르웨이 사람이 지하 세계에 사는 사람을 대표하는 것으로 꼽은 내용들이다. 구체적으로 확인된 바는 없지만, 그는 지구 속에 또 다른 지구(지하 공간)가 존재하며, 그곳에도 인류와 비슷한 생명체가 산다고 주장했다. 이러한 그의 관념과 증언은 1831년에 미국에서 그가 자신의 경험담을 담은 책 『지구 속 문명』(*The Smoky*

God and Other Inner Earth Mysteries)을 출간하면서 세상에 널리 알려지게 되었다.

얀센은 저서를 통해 1829년 8월에 어부였던 자신의 아버지 옌스 얀센(Jens Jansen)과 함께 북극해를 탐험하다가 우연히 지구 내부로 통하는 구멍(굴뚝)으로 들어가게 되었고, 그곳에서 다양한 경험을 했다고 밝혔다. 또한 그는 1831년 초까지 약 2년 6개월 동안 지구 속 문명 세계에서 살았고, 나올 때에는 남극으로 통하는 지구 밖의 구멍을 거쳐 왔다고 주장했다. 얀센의 발언은 당시 대단한 웃음거리가 되었다. 그의 말을 증명할 수 있을 만한 객관적인 자료가 많지 않았기 때문이다. 그는 이러한 분위기를 불식시키기 위해 자신의 경험담을 기록한 책을 집필했던 것이다.

지하 세계의 존재를 주장한 또 다른 사람은 미국의 한 탐험 대장이었다. 미국 초대 남극 개척 대장을 지낸 리처드 버드(Richard E. Byrd, 1888~1957)가 그 주인공이다. 이 제독은 1947년 2월 19일에 북극 베이스캠프에서 출발한 뒤 지구 속으로 1,700마일(약 2,720km)가량을 비행해 들어가 지하 세계의 문명과 접하고 귀환했다. 이후 그는 미 국방성에 자신의 경험담을 보고했는데, 해당 내용은 지난 50년 동안 극비 문서로 취급되었고, 최근에야 극히 일부가 공개되었다. 이러한 사건들에 의해 지하 공간에 대한 세계인들의 호기심은 더욱 극대화되었다. 지하 공간에 대한 전설 가운데 사실로 확인된 것은 거의 없지만, 그에 대한 인류의 관심은 좀처럼 사그라지지 않고 있다. 그만큼 미래의 이미지로 지하 도시를 갈망하고 있는지도 모르겠다.

그리하여 일부 선진국들은 미래 도시를 구현하는 전 단계로 초기 지하 도시를 구축해 나름대로의 행로를 모색하고 있다. 우리나라도 현재 삼성건설이 '지오네스티'라는 미래형 지하 도시를 구상하고 있다. 하지만 현재 구현된 지하 시설들은 지하 도시라고 불리기에는 아직 미흡한 감이 적지 않다. 따라서 보다 합리적이고 이상적인 지하 도시를 건설하기 위해서는 여러 기술들이 복합적으로 개발되고 개선되어야 할 것이다.

21세기 이후의 주거 공간은 보통의 집이라는 개념에서 벗어나 한층 자유롭고 쾌적한 환경을 이루고 있어야 할 것이다. 수백 미터 지하에 건설되는 도시일지라도 지상과 다를 바 없는 생활이 지속될 수 있게끔 노력해야 한다. 공기 및 수질 오염에서의 해방, 지하 공간으로의 육상 교통 시스템 도입 등 지하에서의 생활을 위한 설비의 완전한 구축이 무엇보다 중요하다. 다시 말해 지상이 아니라는 느낌이 전혀 들지 않도록 지하 도시 건설에 대해 치열하게 연구하고, 끊임없이 시도해야 한다. 미래에 대한 최선의 투자가 그것이기 때문이다.

미래의 도시(1) 우주 기지

　우리나라는 이미 '국가우주개발 중장기 기본계획'에 의해 2015년까지 유인 우주 계획의 일정이 세워져 있으며, 미 항공우주국(NASA)과 협력해 우주정거장 참여에 중요한 근간을 이루고 있다. 우주정거장의 건설은 화성으로의 유인 탐사 계획의 첫 걸음이기도 하다. 또한 사람과 기자재를 이곳으로 수송해 본격적인 우주 항해를 시작하는 곳으로서 영구적인 우주 생활을 할 수 있는 형태로, 우주 기지와 우주 도시 같은 형태로 발전할 것이다.

　우주 기지로서의 첫 번째 후보지는 달이다. 지구에서 화성으로 직접 가려면 편도로 8개월 정도의 비행을 해야 하며, 식료품과 물, 산소를 포함해서 약 470톤의 화물을 실은 우주선을 발사해야 된다. 현재 최고 중량의 우주선이 104톤이므로 5대 분량에 해당되며, 우주에서 다시 조립해야 하는 번거로움도 있다. 하지만 달 기지가 건설되면 보다 편리하게 화성 탐사 계획을 진행할 수 있다.

달 기지 상상도

먼저 기존 달 탐사선에서 알려 준 바로는 달의 북극과 남극의 분화구에는 얼음이 존재하며, 그 양이 60억 톤 이상일 것으로 추정된다. 물을 추출할 수 있으면 이를 전기분해해 우주선의 연료로 쓰는 수소와 산소를 확보할 수 있다. 또한 달은 지구 중력의 1/6배로 탈출 속도가 훨씬 느리기 때문에 같은 중량의 우주선이라도 달 기지에서 발사하는 것이 훨씬 유리하므로 화성으로 가는 우주선에 실어야 할 물을 지구에서 선적하는 것보다 달에서 추출해 선적하는 것이 적당하다.

그렇다면 달에 건설할 기지의 모습은 어떤 모습이 될까? 공상과학소설에 나타나는 달 기지는 넓은 공간에 유리 돔으로 덮여 있고, 첨단 시설과 함께 모노레일을 타고 이동하는 모습으로 그려져 있다. 하지만 실제 달 기지의 모습은 물 분해 시설, 발전소, 숙소, 창고, 실험실 등의 시설이 대부분을 차지하는 건물로서 상상과 다른 형태로 지하에 건설될 것이다.

왜 지하에 건설되어야 하냐면 달 표면의 미사 먼지는 시설물에 치명적이며, 달에 도달하는 우주방사선은 지구와 달리 건강에 치명적이기 때문이다. 뿐만 아니라 대기가 없기에 운석 충돌의 위험에 노출되어 있고, 달의 표면은 작은 중력 때문에 밀도가 낮으므로 지진에 취약하다. 마지막으로 기지 후보지의 기온은 −50∼70℃로 비교적 안정적이지만, 100℃와 −180℃까지의 기온 변화가 심한 곳에서는 급격한 온도 차에 의한 지반 재료의 부실화로 지반 침하나 붕괴를 고려해야 된다. 이 같은 환경은 구조물의 외부로 노출된 건물을 쉽게 파손시킬 것이다.

먼저 달 표면에 작용하는 우주방사선의 차단과 일교차의 문제는 현지의 재료를 사용해 효과적으로 대처할 수 있을 것이라고 예상된다. 달의 암석 성분을 분석한 결과 시멘트의 주성분인 규소, 알루미늄, 칼슘, 철분이 함유되어 있으며, 1,727℃ 이상으로 가열하면 시멘트를 얻을 수 있다. 이러한 달의 모래로 만들어진 콘크리트는 우주방사선과 태양열 차단에 탁월하다는 실험 결과를 얻었다.

달에서 만들어진 콘크리트를 사용한 구조체는 전체가 외부에 노출되어 방사능과 급격한 온도 변화에 직면하는 것보다는 지하구조물의 형식으로 건설되어 태양으로부터의 방사선과 일교차는 물론 운석으로부터도 보호되며, 지상에는 태양열을 흡수해 에너지를 저장할 수 있는 구조물을 설치하는 것이 합당할 것이다.

일반적인 건물 같은 평면 형태는 외압을 받으면 힘이 중심부로 이동해 기둥과 기초(바닥)로 전달되어 효과적으로 분산시킬 수 있으나, 순간적인 충격은 흡수가 되지 않아 파괴되기 쉽다. 이와 다르게 달 기지는 원형으로 건설되어 외압을 분산시키고

충격에 대한 흡수력을 높일 수 있는 안전한 구조이다. 또한 내부의 기둥은 중심에서 외부로 나아가는 형태로서 공간을 다채롭게 사용할 수 있다.

2050년에 화성으로 가는 유인 탐사선을 발사할 달 기지의 건설은 2015년 이내에 완성할 계획을 하고 있다. 우주개발이 더욱 본격화되면 우주호텔이 등장해 수학여행으로 월면에 내려서 지구를 바라볼 날도 멀지 않은 듯하다.

미래의 지하 도시에서의 생활상

　앞서 여러 번 강조한 바 있듯이 현재 인류가 생활하고 있는 도시는 상당히 어려운 상황에 직면해 있다. 과밀한 인구와 도시의 무분별한 확장, 심각한 교통난 및 공해 문제, 도시 녹지 및 휴식 공간의 부족, 황폐화된 문화와 교육 공간 등이 그것이다. 이 때문에 도시에 거주하는 많은 사람들은 '삶의 질'에서 심각한 위협을 받고 있다.

　이러한 문제들을 해결하기 위해 우리는 무엇보다 도시 공간에 대한 이용 원리의 효율화 혹은 입체화를 부단히 연구하고 실행해야만 한다. 그러나 이러한 노력은 한정된 지상 공간과 지가 앙등(地價仰騰)에 의해 한계에 부딪히고 있는 실정이다. 한편, 21세기를 대표하는 새로운 영역으로 급부상하고 있는 지하 공간의 개발은 그 특성이 지니는 가치와 잠재력 때문에 여러 가지 도시 문제를 해결할 수 있는 실제적 대안으로 각광받고 있다.

그간 지하 공간에 대한 연구 및 개발 논의는 토질 역학, 암반 역학, 굴착 기술 등 지하 공간의 안전을 확보하기 위한 토목 기술적인 측면이 강했다. 그에 따라 건축 및 실내 디자인, 지하 공간의 환경 행태와 디자인 등을 취급하는 소프트웨어적인 측면은 소홀히 다루어져 왔던 것이 사실이다. 그러나 지하 공간이 '삶의 실체'로서의 가치를 구현하게 되려면 이를 적극 검토하는 것이 중요하다.

동시에 지하 도시를 21세기의 도시 문제를 해결할 수 있는 실제적 대안으로 활용하기 위해서는 '기술'의 관점에서뿐만 아니라 공간의 '거주성'을 증진시킬 수 있는 '디자인'의 측면에서도 좀 더 세밀하고 진지하게 접근해야 할 필요가 있다. 그러나 이러한 '디자인'적인 성과물은 단기간 내에 얻어질 수 있는 성질의 것이 아니다. 오히려 지하 공간에 대한 깊은 이해와 견실한 토대 위에서, 그리고 선진 사례에 대한 심도 있는 조사와 건설 제반에 대한 광범위한 탐구를 통해서만이 얻어질 수 있는 것이다.

그렇다면 미래의 지하 도시를 건설하기 위해 필요한 핵심 기술에는 도대체 어떠한 것들이 있을까? 첫째, 인공적인 빛이 아닌 태양빛을 지하 수백 미터까지 전달할 수 있는 기술이 요구된다. 이는 에너지 절감이라는 측면과 태양빛이 생물에 주는 유익을 생각할 때 반드시 필요하다. 현재로서는 거울이 달린 잠망경의 원리처럼 광(光)파이프와 광(光)덕트를 사용해 지하 근거리(지하 3~4층 정도)에 태양빛을 전달하는 것이 고작이다.

그나마 가장 진보된 기술은 광섬유를 사용하는 것이다. 이론적으로 광섬유는 빛의 손실이 거의 없이 먼 곳까지 전달할 수 있는 장점이 있는데, 오늘날에 개발된 것은 지하 50m가 한계이다. 먼저 집광기를 이용해서 태양빛을 집약시킨 후 필터를 사용해 적외선이나 자외선 등의 열을 제거한다. 이렇게 한 다음 '빛'만 광섬유를 통해 지하에 설치된 전구로 전달하면 약 70~150lux 정도의 빛을 낼 수 있다. 이 빛은 백열등을 기준으로 40W 수준의 밝기에 해당된다.

하지만 지하 도시를 제대로 구현하기 위해서는 빛의 전달 거리가 수백 미터 이상으로 늘어나야만 한다. 이를 가능케 하기 위해서는 지상에서 태양빛을 모으는 집광기의 효율을 높이고, 필터들이 열을 더 완벽하게 차단해야 한다. 열 차단이 올바로 진행되지 않을 경우 장치가 손상될 수 있고, 또 열 전달이 되어 지하 공간에 설치된 전구에서 열이 발산되면 지하 온도 유지를 방해할 수 있기 때문에 각별히 유의해야 한다.

그럼 광섬유를 통해 전달된 빛으로 과연 생물들은 정상적인 생활을 할 수 있을까? 과학자들은 광섬유로 전달된 빛을 이용해 식물들이 정상적으로 광합성을 할 수 있다고 보고한 바 있다. 이는 자연 채광 기술이 완성되고 나면 지하 도시에서도 얼마든지 농산물을 키울 수 있게 된다는 뜻이다. 하지만 구루병을 예방하는 비타민 D 형성을 위한 필수 조건인 자외선이 차단되는 문제 등 지하 도시 건설에서 해결해야 할 과제는 아직 많다.

둘째, 고도의 에너지 기술이 필요하다. 미래의 지하 도시의 발전 여부는 난방 시설에 달려 있다고 해도 과언이 아니다. 이를 해소할 수 있는 방안으로 땅속의 에너지인 '지열'이 가장 각광받을 것으로 과학자들은 예상하고 있다. 지열 발전의 원리는 매우 간단하다. 지하 마그마 근처에서 수천 도로 데워진 물에 파이프를 꽂으면 압력이 낮아지면서 하얀 수증기가 되어 관을 타고 뿜어져 나오게 된다. 이 고온 수증기를 이용해 증기터빈(steam turbine)을 고속으로 돌려 해당 터빈에 연결된 발전기를 통해 전기를 발생시키는 것이 지열 발전이다.

지열은 '지구'라는 보일러가 주는 무료 에너지이며, 지하 굴착 기술에 따라 그 잠재성도 무한하다. 발전기를 돌린 물은 지하 공간에 설치된 관을 통해 각 시설에 난방으로 제공된 후 다시 지하로 보내진다. 현재는 굴착 기술에 따른 경제성 문제 때문에 증기 또는 열수(지각으로 뿜어져 나오는 태평양 연안의 화산대의 한 종류) 등 활용 구역이 한정되어 있지만, 기술의 발달로 깊은 곳까지 싼 값으로 굴착이 가능해지면 우리나라에서도 지열 발전이 충분히 가능하다.

그런데 비록 지열을 이용할 수 없는 지하 공간일지라도 지상 도시보다 에너지를 훨씬 절약할 수 있다. 우리나라의 경우 지하 15m 이하는 평균 15℃를 유지한다. 따라서 지하 공간은 흙이나 암석 그 자체를 보온이나 보냉(保冷)제로 활용해 에너지를 절감할 수 있다. 최근 한국지질연구소에서 개발한 지열 냉난방 설비는 에어컨의 실외기를 지하로 빼서 지열을 이용하는데, 기존 에어컨의 30~50% 전력으로도 동작이 가능하다고 한다. 이와 같은 원리가 지열 냉난방에도 적용될 수 있다는 것이다.

지하 도시 건설을 실현하기 위해서는 이 밖에도 화강암층 같은 안전 지반을 확보하는 기술은 물론, 도시 건설에 필요한 굴착 및 건설 기술 등도 현재보다 더욱 높은 수준의 축적이 요구된다. 또한 지상으로 배기가스와 열을 배출하는 환·배기 시스템은 현재 설비로도 가능하지만, 그 안전성의 고양에 더욱 주력해야 할 것이다. 지하 도시는 무엇보다도 환기가 관건이기 때문에, 교통 시스템은 수소 연료전지 차량의 도입 가능성이 절대적으로 높다.

기술적인 극복과 함께 경제성까지 확보되어 미래의 지하 도시가 실제로 구축된다면 현재 우리가 겪고 있는 과밀 인구와 무분별한 확장, 심각한 교통난, 공해, 녹지 부족 등의 문제가 해소되어 삶의 질적 향상을 가져올 것이다. 이렇게 된다면 지하 도시가 초래할 미래 생활을 자못 기대해도 좋을 것이다.

미래의 도시(2) 공중 도시

마추픽추(Machu Picchu)는 페루 남부의 쿠스코 지방 북서쪽에 위치한 도시로서 우루밤바 계곡을 끼고 있으며, 잉카 시대를 대표하는 유적이다. 2,500m 이상의 해발고도를 자랑하는 이 도시는 험준한 산허리 부위에 있다. 또한 주위를 둘러싸고 있는 뾰족한 봉오리들이 마추픽추를 외부 세계와 격리시키고 있다.

가파른 절벽으로 되어 있는 북·동·서쪽의 특수한 입지 조건으로 볼 때 평범한 도시가 아니었을 것이라는 추측이 난무하다. 또 1534년에 정복자인 에스파냐인을 상대로 반란을 일으켰던 만코 2세 이하 사이리 토파크, 티투 쿠시, 토파크 아마르 등의 잉카가 거점으로 삼았던 성채 도시로 보인다. 따라서 그 시대에 세워진 건조물이 주체를 이루고 있으나, 정복 전의 잉카 시대에 속하는 부분도 있는 것 같다.

마추픽추 유적은 피난 구역적(避難區域的)인 성격을 띠고 있지만 잉카 특유의 본격적인 건설물을 많이 볼 수 있다. 뿐만 아니라 전체가 신전군(神殿群), 궁전, 주거 지역 등으로 나누어져 있어서 통로나 수로까지 제대로 갖춘 완전한 계획 도시의 면모를 엿볼 수 있다. 또한 주위에는 넓은 계단식 밭이 만들어져 있어서 상당한 인구가 있었던 것으로 추측된다.

지형 조건 등의 이유로 이 도시는 에스파냐 인들의 점령을 모면하

마추픽추 유적(1)

마추픽추 유적(2)

여 남모르게 방치되어 있었기 때문에 수백 년에 걸쳐 전형적인 잉카 양식의 구조물이 남아 있을 수 있었다. 여기에서 출토된 유물은 후기 잉카의 토기·금속기가 대부분이며, 이는 잉카 연구에 귀중한 자료를 제공하고 있다. 1911년에 미국인 하이럼 빙엄(Hiram Bingham)의 발견으로 세계적으로 유명해졌으며, 오늘날에는 수복되어 페루 유수의 관광지가 되었다. 그리고 유네스코의 세계유산 목록에 수록되어 있다.

노르웨이의 요빅 경기장

아이스하키장과 수영장, 텔레커뮤니케이션 센터 시설을 갖추고 있는 요빅(Gjovik) 올림픽 경기장은 1994년 릴레함메르(Lillehammer)에서 개최된 제27회 동계 올림픽을 위해 지어졌다. 이 경기장은 폭 61m, 길이 91m, 높이 24m이며, 객석에 5,800여 명의 인원을 수용할 수 있다. 또 산속에 지어진 것으로서는 세계에서 가장 큰 지하 경기장이다.

요빅 경기장

경기장을 산의 지하에 지은 데에는 여러 가지 이유가 있다. 경기장의 위치가 시내 중심인데도 주변의 환경과 여러 건물들에는 영향을 주지 않을 것이기 때문이다. 뿐만 아니라 유지비

및 관리 비용이 적게 소
요되고, 이미 건설되어
있는 수영장과 연계해서
활용할 수 있는 이점이
있다. 따라서 비싼 건설
용지가 불필요함은 물론
이고, 관광지로서의 역

요빅 경기장 공사 당시의 모습

할을 톡톡히 함으로써 작은 도시인 요빅에 다양한 활력을 불어넣을 것
이라는 기대도 적지 않았다.

올림픽 이후 요빅 경기장은 여러 가지 문화 행사장으로도 활용되고
있다. 예컨대 여러 가지 동계 스포츠의 장소로서뿐만 아니라 구기 종목
의 경기장, 콘서트 장소, 축제 장소, 전시회장 등으로까지 이용되고 있
다. 실제로 이 경기장이 콘서트장으로 활용되었을 때, 음향 효과가 매
우 탁월해서 스태프 및 관객에게서 큰 호평을 받았다고 한다.

올림픽에 활용되기 훨씬 이전인 1975년에 이미 1,750명을 수용할 수
있는 지하 수영장으로 개장된 요빅 경기장은 지하 암반에 건설되어 있
는 까닭에 지상의 수영장과 비교했을 때 에너지 소모량에서 많은 이점
을 가지고 있었다. 다시 말해 연중 평균 28℃로 풀장의 온도가 유지된
다고 보면, 암반에 건설된 수영장이 보온과 환기의 측면에서 일반 수영
장의 35%만의 에너지를 필요로 한다는 것이다. 지하에 건설된 요빅 경
기장의 가치가 바로 여기에 있다.

영국과 프랑스를 잇는 채널터널

영국과 일본 같은 섬나라들은 그들의 영토를 육지와 연결하려는 시도를 끊임없이 해 왔다. 일본의 경우 육지와 다소 먼 관계로 우리나라를 발판으로 육지로 진출하려던 과거가 있기도 하다. 하지만 육지와 다소 가까운 영국은 보다 적극적인 방법으로 육지 진출을 꾀했다. 즉, 유럽 대륙과 섬나라 영국을 육지로 연결시키려는 계획은 19세기부터 계속된 엔지니어들의 염원이었다. 이 해협을 연결하는 방법으로 해저터널, 교량, 잠수 튜브 등 다양한 계획들이 제안되어 왔고, 신기술과 수송 수단이 발달됨에 따라 보다 다양한 아이디어들이 등장했다. 영국과 프랑스를 육상 교통편으로 이동하기 위한 구상은 나폴레옹 1세 때로 거슬러 올라간다. 370년도 더 된 일이다.

1802년에 프랑스의 알베르 마티외는 나폴레옹 1세에게 터널 개념도를 제출했다. 이는 도버(Dover) 해협 아래로 마차용 터널을 뚫어 해협을 횡단하려는 발상으로서 터널 안을 칸델라로 밝히고 환기를 위해 곳곳에 굴뚝을 만든 후 도버 해협[또는 칼레(Calais) 해협. 영국인들은 도버 해협, 프랑스인들은 칼레 해협이라고 한다.]의 중간쯤에 인공 섬을 만들어 조선 시대에 암행어사가 역에서 말을 갈아탔었던 것

마티외가 나폴레옹 1세에게 제출한 터널 개념도

과 유사하게 말을 쉬게 하거나 교환해 가면서 영국까지 약 1시간 만에 갈 수 있게 하는 것이다. 이에 나폴레옹은 크게 관심을 보였지만 패전 이후 이 계획은 물거품이 되었다.

19세기 중반에는 프랑스의 엔지니어인 드 가몽이 30년 동안 7개의 설계안을 제안했다. 마침내 1872년, 영국과 프랑스의 도버 해협을 통과하는 터널을 위한 합작회사가 설립되어 그동안 해 온 지질 조사의 결과를 조합해 지질 조건이 양호한 경로가 제안되었다.

1880년, 드디어 TBM(Tunnel Boring Machine)을 이용해 해협의 양쪽에서 굴착을 시작했다. 그러나 오래가지 못해 국방상의 이유를 내세운 영국 육군의 반대로 공사가 중단되었고, 이어 1883년에는 프랑스도 공사를 중단하고 말았다. 공사가 중단된 후 도버 해협을 지나는 터널 건설은 적국에 침략의 길을 열어 주는 것이라는 논리와 두 번에 걸친 전쟁, 그리고 장기적인 불경기 등에 의해서 오랫동안 중단되었다.

이후 1973년에 영국이 유럽공동체에 가맹한 것을 계기로 양국 관계가 호전되어 1984년에는 대처 영국 수상과 미테랑 프랑스 대통령이 이 터널의 건설 협정을 맺어 건설한 후 민간 합작회사에서 운영하기로 합의했다. 이에 따라 이듬해에 설계안을 공모했으며,

버몬트 대령이 TBM을 이용해 터널을 굴착하는 장면

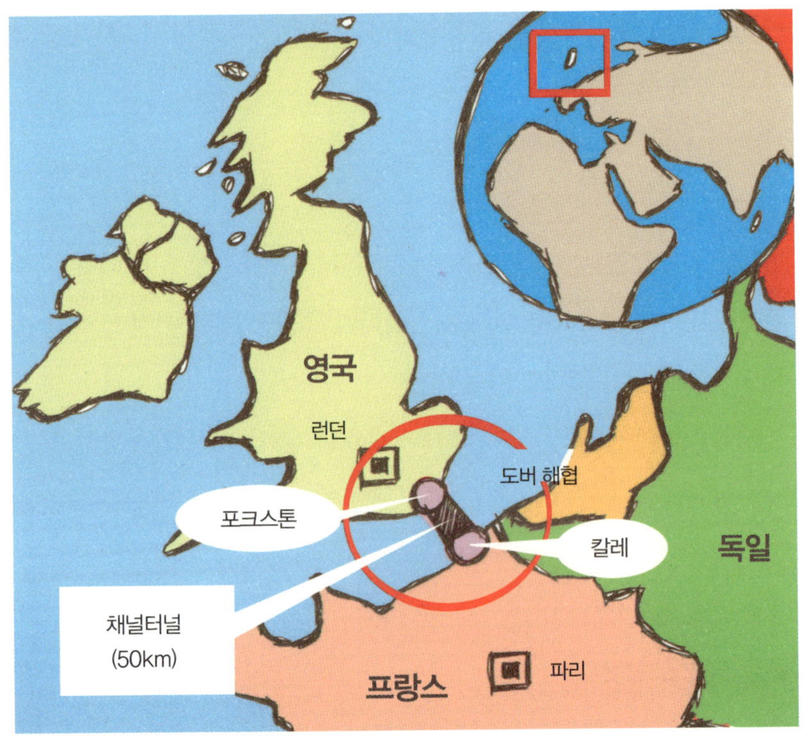

채널터널의 위치도

그중 단선철도 터널 2개의 안이 채택되어 양국 간 조약이 체결되었다.

유럽의 대부분의 지질은 변화가 적고 안정되어 있다. 도버 해협의 지층에는 중생대 백악기의 미세립 석회질 화석이 퇴적한 초크층이라고 불리는 지질이 연속되어 있는데, TBM의 굴진에 유리한 이 지층을 굴착하기로 했다. 이 지층은 적당한 굳기의 불투수성의 균질한 연암으로서 TBM의 사용이 적당했다. 하지만 두께가 20m밖에 되지 않기 때문에 매우 자세히 지질 조사를 실시했다. 다행히 해협의 수심이 50~60m로 얕고 조류의 흐름도 느렸기 때문에 140공의 시추를 행해 조사했다. 그런데 놀랍게도 현재 채널터널(Channel Tunnel)의 통과 구간은 19세기 후반에 제안되었던 경로와 매우 유사하다.

1994년에 영국의 엘리자베스 여왕과 프랑스의 미테랑 대통령의 참석 하에 개통식이 성대하게 열렸다. 착공에서 관통까지는 3년 7개월이, 착공에서 개통까지는 6년 6개월이 걸린 것이다. 이로써 영국의 포크스톤(Folkstone)과 프랑스의 칼레를 연결하는 전장 50.5km, 평균 깊이 45m의 해저터널이 탄생되었다. 해저 구간의 길이는 38km이고, 영국 측 영토를 통과하는 부분은 9km, 프랑스 측 영토 3km로 구성되어 있다.

채널터널은 3개의 터널로 이루어져 있다. 2개의 주 터널 중 하나는 여객 열차 전용이고, 다른 하나는 화물차와 승용차를 실어 나르는 셔틀 열차용이다. 주 터널의 간격은 30m이며, 직경은 7.6m로, 마지막 하나는 안전과 서비스를 위한 비상용 터널이다. 이 비상 터널은 직경이 4.8m이고, 특수 제작된 서비스 전용 차량이 운행할 수 있게 되어 있다. 3개의 터널은 비상사태 발생에 대비해 매 375m 길이마다 교차 통로로 연결되어 있다. 이 터널로 시속 300km의 특급열차인 유로스타가 런던과 파리를 3시간 만에 연결하며 런던-파리, 런던-브뤼셀(벨기에) 구간을 운행하고 있다.

채널터널의 컨트롤센터

채널터널의 서비스 터널

프랑스 측의 터널 굴착을 위한 원통형 출입 갱구는 칼레 해안 상가트에 위치해 있으며 직경 55m, 길이 70m로, 이곳의 지붕에는 장비를 지중으로 보내기 위한 행거 장치가 되어 있다.

이곳은 프랑스 측 공사 현장의 본부 격이자 라이닝 세그먼트[lining segment : 원 지반을 굴착한 후 지반의 붕괴를 막기 위해 콘크리트로 만든 원형의 벽. 현장에서 먼저 만든 후(precast) 굴착한 다음에 현장에 설치하기만 하면 공정이 끝난다.]의 제작 공장이기도 하다. 이 갱구를 통해 47m 지하에 있는 플랫폼으로 모든 건설 자재, 작업 인원, 장비들이 반입된다. 물론 TBM도 이곳에서 건조한 상태에서 조립된다.

채널터널에 사용된 TBM은 일본의 가와사키 중공업이 제조했으며, 원통형 기계의 전면에 부착된 '커터비트'라는 초경합금의 톱니를 회전시켜 레이저 빔의 유도를 받으며 암반을 통과하게 된다. 이 TBM은 직경 8.78m, 길이 350m, 총 중량 1,000톤으로서 진흙으로 된 토사와 딱딱한 암반층에 이르기까지 20km를 연속해 땅을 파 나갈 수 있을 정도였다. 이 공사에 TBM이 총 5대 투입되었는데, 영국 방향으로의 주 터널용 2대, 서비스 터널용 1대와 현재 터미널 방향으로 2대가 투입되었다. 공사가 완료된 뒤 이 갱구는 터널을 위한 환기 시설 및 냉각 설비를 위한 영구 시설로 전환되었다. 그리고 현장에서 굴착한 토사를 쌓는 사토장 지역은 조경 및 환경 친화적 처리를 했다. 터널 공사로 발생되는 530만 m³의 버력으로 폰피뇽 지역에 새로운 언덕이 하나 만들어졌다. 버력 운반은 트럭에 의한 육상 운반을 피하기 위해 파쇄된 버력과 물을 혼합해 펌프 압송 방식으로 3.5km 길이의 파이프라인을 통해 폰피뇽의 사토장까지 운반되었다.

프랑스 측 터미널 부지는 칼레 부근의 코켈이 선정되어 이 부지에 480헥타르의 대단지 터미널 복합동이 건설되었다. 따라서 대규모 건설 공사를 위해 사전 택지 조성을 위한 부지 정지 및 성토 공사가 있었다. 터미널 부지는 53km의 철도 선로와 36km의 도로망을 포함하고 있고 채널터널 본부, 관제탑, 승객용 터미널 빌딩, 화물 처리 시설들이 자리하고 있다. 터미널 부지 내에서 눈길을 끄는 것 중 하나는 인공 호수 위를 가로질러 통과하는 교량으로서 여기를 지나는 차량 운전자들에게 파노라마처럼 멋진 경관을 선사하고 있다.

영국 측의 착공 지점은 켄트 해안의 포크스톤과 도버 사이에 위치한 셰익스피어 클리프라는 절벽의 하단부이다. 이곳은 1974년도에 터널 굴착이 시도된 적이 있었던 곳이다. 초기 터널 공사는 지반 조사를 위해 만든 2개의 출입 갱구 중 하나가 사용되었고, 이곳에는 수평 레일이 설치되어 장비와 자재를 운반했는데 6대의 TBM 장비가 동원되었다.

3개 터널은 프랑스 방향으로 굴진되었고, 3개는 포크스톤의 터미널 방향으로 굴진시켰다. 이 공사에서의 특기 사항은 서비스 터널용 장비

영국의 셰익스피어 클리프에 위치한 터널 작업장

2개를 주 터널의 굴진 속도보다 선행시켜서 주 터널 굴착을 위한 사전 지질 정보, 즉 지질 상태와 지반 중 연속되지 않은 지반층의 유무 여부, 지층의 진행 방향 등에 관한 자료를 미리 확보하는 것이었다.

이 공사에서 최대 난제는 굴착으로 발생되는 400만 m³(800만 톤)의 버력의 친환경적인 처리였다. 결과적으로 원거리 육로 수송을 피하고 셰익스피어 클리프 하부의 기존 작업장을 바다 쪽으로 확장시키는 데 사용했다. 물론 바다 속의 경계 부분에는 특수 설계된 차단벽을 사전에 설치해 2차 오염을 막았다. 이렇게 하여 73에이커의 새로운 땅이 만들어졌고, 이곳은 환경 보존 지역으로 설정되어 녹화 작업을 했다.

1980년대부터 일본에서는 현재 우리나라와 일본 사이를 흐르는 대한 해협을 관통하는 해저터널에 대한 논의가 이루어지고 있고, 일본 측에서는 이미 대략적인 지질 조사도 마친 상태이다. 이는 채널터널보다 훨씬 거대한 국제적 프로젝트로서 막대한 비용과 시간이 소요될 것으로 보인다. 이렇듯 시베리아와 미 대륙을 잇는 초대형 교량이 건설되고 각 대륙과 섬들을 이어 나가는 프로젝트들이 계속된다면, 전 세계가 육로로 연결되는 날도 언젠가는 오지 않을까?

미래의 도시(3) 해양 도시

　바다 위 또는 속에서도 인간이 생활할 수 있도록 주거 시설이나 공항, 바다 공원 등을 만들어 바다 공간을 육지처럼 활용하려는 계획이 해양 도시의 시작이었다. 육상 공간의 과밀화에 따라 도시 인구가 거주하고 활동할 수 있는 토지가 절대적으로 부족해진 상황에서 해양 도시 건설은 그 공간 수요를 충족시키기 위한 조치이다. 이러한 해양 도시는 주거 장소의 건설 위치에 따라 해상 도시, 해중 도시, 해저 도시로 구분된다.

　해상 구조물은 석유 및 천연가스를 채취하는 시추선에서부터 출발한다. 지구의 약 70%를 차지하고 있는 해저에는 육지와 비교할 수 없을 정도의 자원이 매장되어 있고, 인류는 육지에서 굴착을 통해 채취하는 자원의 한계를 깨닫고 이제 바다로 그 손길을 뻗치고 있다. 실제로 시추선이 한번 먼 바다로 나가게 되면 거기에 타고 있는 승무원들은 최소 2~3개월 정도는 배에서 생활하게 된다. 시추선에는 자가발전 시설과 바닷물을 민물로 만드는 담수화 장비 등 식료품 외의 대부분의 것들을 수급할 수 있는 장비들이 탑재되어 있다. 따라서 작은 도시라고 해도 무방할 듯하다.

국내 유일의 시추선 '두성호'

이러한 개념을 바탕으로 바다 한가운데의 해저 암반에까지 기둥을 설치해 인공 섬들을 설치하는 시도들이 여러 차례 있었고, 우리나라의 새로운 최남단 이어도 종합해양과학기지 역시 시추선과 같은 방법을 사용해 구축한 기지이다. 그러나 이렇게 강관(steel pipe)을 사용한 시추선 및 인공 섬들은 지속적으로 작용하게 되는 파도 및 태풍 등에 의해 피로 손상을 입게 되고, 결국에는 파괴에 달하게 된다. 지속적인 유지·보수 및 관찰이 필요한 부분이다.

이어도 해양과학기지

또 다른 해상 구조물을 구축하는 방법으로는 시추선과는 달리 일본 오사카의 간사이 국제공항처럼 해안의 얕은 곳을 매립하거나 섬을 깎고 넓히는 매립 방식이 있다. 이는 인천국제공항을 건설하는 데에도 적용된 공법이다. 이러한 공법을 적용할 경우 매립을 위한 원 지반(갯벌)에 대한 철저한 조사 및 지반이 가라앉지(침하) 않게 하는 처리를 하지 않는다면 간사이 국제

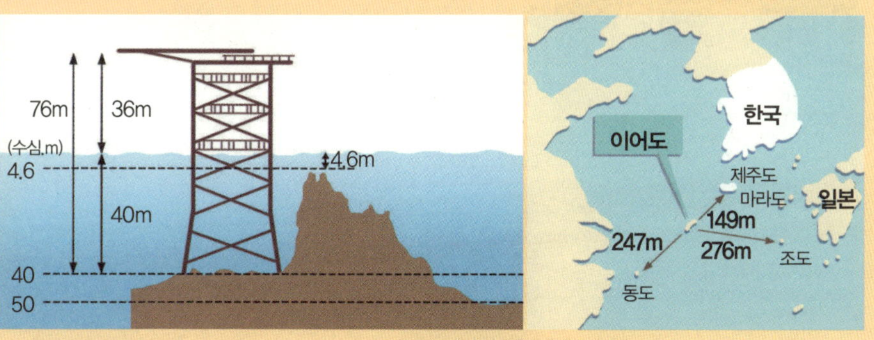

이어도 해양과학기지 단면도

공항처럼 매년 몇 cm씩 침몰하는 처치 곤란의 공간이 될 수도 있음을 명심해야 한다. 이러한 매립 공법은 수심 20m 정도의 바다가 한계인 데다가 해양 생태계를 손상시키고 좋은 갯벌을 사라지게 한다는 문제점이 있다.

최근 첨단 과학 기술이 발달함에 따라 새로운 해양 공간의 이용 기술이 등장했다. 즉, 한 변의 길이가 수백에서 수천 m에 이르는 거대한 철강으로 만든 인공 구조물을 바다 위에 배처럼 띄우는 부유(浮遊)식 시공 기술이 미국, 일본 등 선진국에서 활발히 연구되고 있다.

이러한 해상 구조물은 높은 파도나 바람, 조류에도 안전하기 때문에 육지의 도시에서처럼 빌딩도 얼마든지 세울 수 있으며, 구조물 아래쪽으로는 바닷물이 쉽게 순환되어 환경에 미치는 영향도 적다. 또한 깊은 바다 속에서도 해상 구조물을 이용할 수 있으며, 구조물을 여러 조각으로 분리해 이동할 수도 있다. 1981년에 일본 고베(神戶) 항에 완공된 매립식 해양 도시 포트아일랜드(Port Island)는 총 면적이 583헥타르이며, 착공에서 완공까지 16년이 소요되었다.

인간의 거주지를 해상에 건설하려는 해양 도시의 일반적인 개념과는 다르게 인간은 지상에서 살고 공장, 발전소, 정유소 등의 산업 시설을 해상에 건설하려는 이른

포트아일랜드

바 해상 콤비나트(kombinat) 구상도 점차 실현되고 있다. 최근 일본에서는 지금까지의 기술 개발과 성과를 대단위 규모로 실증할 수 있는 신(新)해양 기술 도시인 마린 테크노폴리스(Marine Technopolis) 건설 계획을 추진하고 있다. 이 도시는 해역에 인공 섬을 축조하고, 그 주위의 해상에 호텔, 문화회관, 해양기술관 등의 시설을 건설하여 각각을 해상 터널로 연결한 곳이다.

해양 도시를 건설하기 위해서는 해결되어야 할 기본적인 네 가지 조건이 있다. 우선 도시로서의 기능을 발휘하기 위해서는 무엇보다도 에너지 확보가 필요하다. 이때 바다에서 추출해 에너지를 이용하는 형태가 가장 바람직하다. 또한 조류나 온도차 발전, 간만의 차나 파도의 힘을 이용한 발전과 더불어 태양열이나 풍력 같은 자연 에너지를 다양한 형태로 복합시켜 에너지원으로 사용하는 것도 합리적이다.

두 번째는 용수이다. 한국을 비롯한 동북아시아 지역에서는 연간 1,000~2,000mm의 강우량이 있으므로 순환 시스템과 해수의 담수화 기술을 잘 활용하면 용수 문제는 자연스럽게 경제적으로 해결할 수 있다.

세 번째는 육상과의 교통 연결이다. 해저터널이나 연육교가 건설되고 최첨단 조선 기술의 발달로 초고속 대형 선박이 개발된다면, 날씨와 관계없이 전천후로 육상

해상 및 해저 도시

과 연결될 수 있다.

네 번째는 통신망이다. 가장 이상적인 방안으로는 마이크로웨이브로 통신을 확보하는 것과 함께 우주 통신 위성을 이용해 육상 도시 또는 세계 곳곳의 도시와 네트워크를 구축하는 일이다. 한편, 도시 내의 통신 문제에 대해서는 광케이블을 이용해 완전한 통신망을 구축할 수 있게 해야 한다.

해저의 거주 시설이나 작업 기지에 해양 작업자가 장기간 거주하면서 해저 자원의 탐사 · 채굴을 하기 위한 연구 · 개발이 미국, 프랑스, 영국, 독일, 러시아, 일본 등 많은 나라에서 추진되고 있다. 미래에 이러한 해저의 집, 해중 작업 기지가 여러 개 건설된다면 그곳에 바로 해저 도시가 형성되는 것이다. 프랑스의 해양 탐험가 쿠스토(J.Y. Cousteau)는 해저에서 생활하고 일할 수 있는 해저의 집 실험을 추진하고 있는데, 100m 수심의 해저에서 1개월간 지상과 다름없이 생활할 수 있다는 것을 입증하기도 했다. 따라서 해저 기지가 모여서 마을이 되고, 마을이 모여서 도시가 형성되는 새로운 개념의 도시가 앞으로 출현하리라 짐작된다.

가상 구조물

소설 『개미』 속의 개미굴을 개척하자

지난 1991년, 프랑스의 소설가 베르나르 베르베르의 첫 소설 『개미』
는 전 세계를 강타했다. 그는 『개미』에서 인간 사회와 개미 사회의 절묘
한 비교를 통해 끝까지 긴장감 있게 이야기를 전개했다. 또 전반적인
개미의 습성, 개미의 통신 방법, 개미 사회의 구성, 개미굴의 구조 등에
대해 사실에 기반하여 흥미롭게 기술하고 있다. 인간 사회와 매우 유사
한 구조를 가지고 있다는 개미 사회. 지금부터 하나하나 열어 보자.

개미 사회의 탄생

“땅거죽 위에 모습을 드러낸 지 1억 5,000만 년 가까이 된 곤충으로
서 나무를 쏠아 먹고사는 흰개미는 불운하게도 종의 영속성을 유지할

만한 수단을 찾아내지 못했다. 포식자는 너무나 많은데, 그들에게 저항하기 위한 천연적인 수단이 마땅치 않았다. 흰개미들은 어떻게 되었을까? 많은 흰개미가 죽어 갔고, 살아남은 자들은 궁지에 몰릴 대로 몰리다가 하나의 독창적인 해결책을 찾아내게 되었다. 이 곤충은 작은 세포들이 모인 것처럼 살아가기 시작했다. 처음엔 가족 단위의 사회를 이루었다. 알을 낳는 어머니 흰개미 주위에 모두가 모여 살았다. 그러다가 가족이 촌락이 되고, 촌락이 커져 도시가 되었다. 모래와 흙 반죽으로 이루어진 그들의 도시가 곧 지구의 모든 표면에 솟아오르게 되었다."

— 베르나르 베르베르의 『개미』 중에서

개미 사회는 인간 사회와 매우 유사하게 발전했다. 다른 동물과 달리 인간은 매우 연약한 피부를 가지고 있으며 다른 동물들을 제압할 만한 센 근력도, 날카로운 송곳니를 가진 턱도 발달하지 못했다. 날씨에도 민감하게 반응했고, 종족 번식에도 대단히 오랜 시간이 소요되었다.

이러한 약점을 극복하기에는 인간은 너무나 나약했으므로 자연스럽게 집단을 이루어 살게 되었다. 식량을 구하고 휴식처를 확보하고 동물들에게서 가족을 보호하는 등의 힘을 필요로 하는 일들은 남자가, 그 외에 근력을 필요로 하지 않는 일들은 여자가 하게 되었다. 점점 인간들의 사회는 커져 가고 각자의 전문 분야가 생겨나게 되었다. 전쟁을 하는 군인, 집을 짓는 건축가, 먹을거리를 만드는 농부, 병을 고치는 의사 등의 사회적 분업이 이루어졌고, 여왕개미처럼 사회 전체를 아우르는 군주도 나타나게 되었다.

고차원적이고 정치성이 짙거나 경제성이 우선이 되는 사회에서는 정치적 권력에 의해, 소유하고 있는 경제력에 의해 사회적 계층이 나누어지게 된다. 사회를 집권하는 세력이 발생하면 이에 필연적으로 피집권 계층이 발생하게 되며, 개미의 사회에서는 궂은일을 도맡아하는 일개미가, 인간 사회에서는 고대 및 중세 시대의 노예들이 생겨나게 되었다. 분명 사회의 긍정적인 부분은 아니지만 인류 역사를 통틀어 위대한 문화와 유산은 이러한 이들의 피와 고통으로 세상에 꽃피우게 된 것이다.

개미의 소통

"수개미는 탄생한 개미에게 열 에너지를 전해 주려고 일개미를 다시 문지른다. 일개미는 이제 원기를 회복했다. 수개미가 계속 애쓰고 있을 때, 일개미는 더듬이를 수개미 쪽으로 뻗는다. 일개미도 더듬이로 수개미를 간질인다. 일개미는 그가 누구인지를 알고 싶은 것이다. 일개미의 더듬이가 수개미의 머리를 벗어나 더듬이의 첫 번째 마디를 어루만지며 그의 나이를 읽는다. 두 번째 마디에서 그의 계급을 알아낸다. (중략) 수개미가 장애물을 향해 돌진한다. 그가 더듬이의 감지 능력이 미치는 거리에 들어오자 문지기 개미는 그에게 통행 허가 페로몬이 없다는 것을 알아차린다. 문지기 개미는 구멍을 더 잘 봉쇄하려고 다시 뒤로 물러서서 경보 냄새를 발산한다. 〈금단 구역에 침입자가 나타났다! 금단 구역에 침입자가 나타났다!〉 사이렌을 울리듯 문지기 개미가 되풀이해서 냄새 분자를 뿜어 댄다."

— 베르나르 베르베르의 『개미』 중에서

　　지하 공간에서의 소통은 매우 중요한 부분을 차지한다. 폐쇄된 공간이기 때문에 효과적으로 정보를 전달하지 못하면 화재 및 유사시에 거주자의 혼란을 초래해 더 큰 사고를 발생시킬 수 있다. 지하 공간에서의 위치 파악 신호 및 표지판은 연구되고 있는 분야이기도 하다. 개미는 오랜 지하 생활 때문에 외부를 드나드는 일개미 외에는 시력이 거의 상실되었다. 그러나 소설 『개미』 중에 기술된 것처럼 더듬이로 서로 통신을 하고 페로몬을 발산함으로써 멀리 있는 개미들에게도 알릴 수 있는 체계적인 시스템이 구축되어 있다. 또한 개미의 페로몬은 먹이를 발견했을 때 시체를 구별하는 데에도 쓰이며, 자주 다니는 길에 뿌리는 등의 용도로 사용된다. 따라서 만일 무언가가 개미 행렬 중간에 약간의 방해를 하게 되면 개미는 방향을 잃고 당황하게 된다. 게다가 개미는 적외선을 감지할 수 있는 홑눈까지 갖추고 있다니 인간의 통신 수단과는 비할 바가 못 될 것이다.

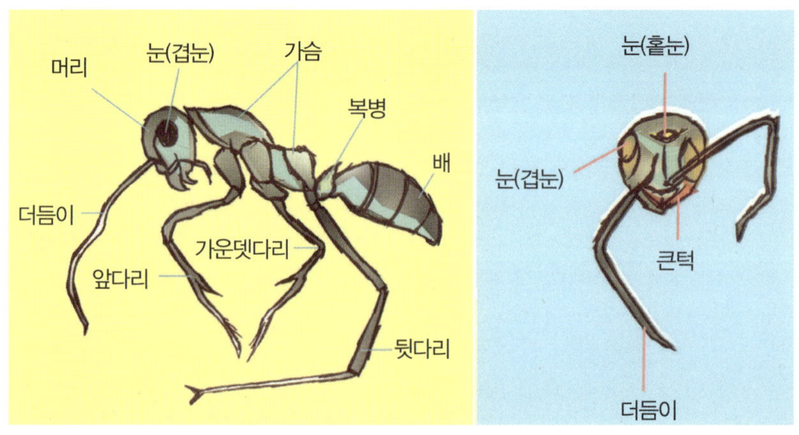

곰개미의 신체 구조

　이러한 개미들의 통신 수단을 모델로 해 지하구조물에서는 사용자들에게 적극적으로 지하 공간 내외부의 정보를 제공할 수 있는 툴을 확보하는 것이 필수적이다. 기존에 활용되던 표지판이나 경보음은 사고 발생 시 직관적인 사고가 불가능하고 시야가 2~3m밖에 확보되지 않은 상태의 사용자들에게 잘못된 판단의 근거로 사용될 수 있으므로, 작은 단말기로 사용자의 위치를 파악해 가장 가까운 탈출구 및 대피소로 유인할 수 있어야 한다. 이를 위해 지하구조물과 다른 전원을 사용하는 방재 시스템을 활용해야 하며, 현재의 기술 수준으로는 현재 위치가 입

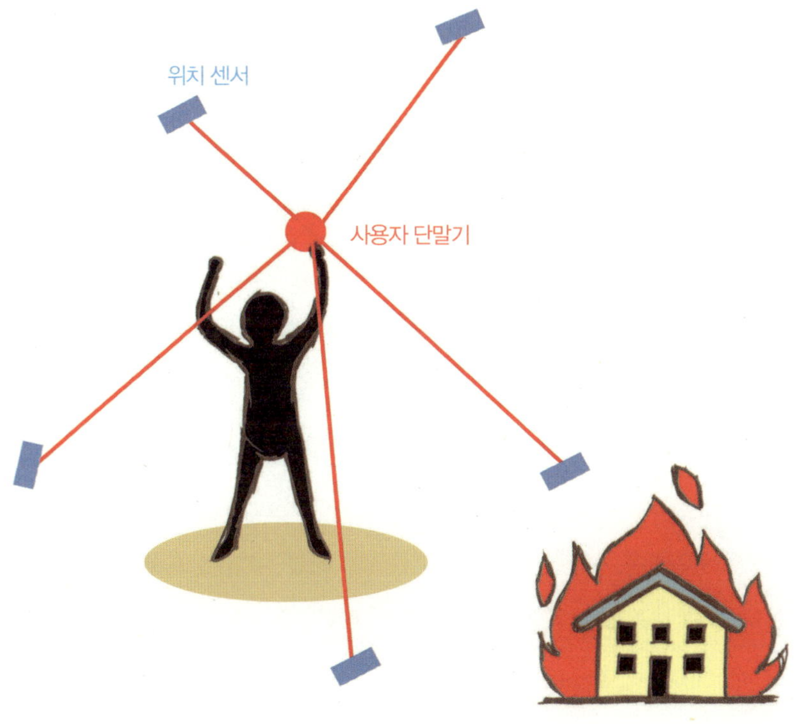

화재 시 대피 네트워크의 구성

력된 센서를 구조물의 내부에 미리 부착하고 지하구조물에 거주하는 사용자가 휴대하던 단말기로는 다수의 센서의 위치 정보를 통해 정확한 위치를 파악할 수 있다. 이러한 위치가 파악되면 단말기는 통제 시스템으로 사용자의 위치를 송신해 가장 가까운 피난처로 사용자를 안내하게 되는 것이다.

"거기에서 6km 떨어진 곳에 벨로캉이 자리를 잡고 있다. 높이 1m, 지하에 50층, 지상에 50층이 있어 그 일대에서는 가장 큰 도시이다. 거주자의 수는 1,800만으로 추산된다. 연간 생산량은 다음과 같다. 진딧물 애벌레 분비 꿀 50리터, 연지벌레 분비 꿀 10리터, 느타리버섯 4kg, 방출되는 돌조각 1톤, 실용 통로 120km, 지표 면적 $2m^2$."

— 베르나르 베르베르의 『개미』 중에서

대규모의 개미 군락은 보통 하루에 2,400마리가량의 곤충이나 애벌레를 식량으로 소비한다고 한다. 대부분은 어린 애벌레들을 키우는 데에 사용되는데, 살점만 섭취한 후 딱딱한 껍데기들은 일개미들에 의해서 굴 밖으로 버려지게 된다. 또한 큰 먹이를 발견했을 때에는 그들의 턱으로 잘게 부수어 각각 이동시키는데, 이는 작업의 효율성과 개미굴 입구의 크기를 고려한 일종의 학습된 효과라고 할 수 있을 것이다. 또한 베르나르 베르베르가 서술한 것과 같이 개미굴 내부에서 버섯을 키우고 벌레 등을 사육하기까지 한다니 인간의 그것과 다를 바가 없을 정도로 고도화된 사회를 가지고 있다고 할 수 있다. 게다가 2002년에는 이탈리아 북서부 리비에라에서 해안을 따라 스페인 북서부에 이르는 개미 슈퍼 군체를 발견했다는 보고도 있었다. 이는 약 5,760km에 달하는 길이로서 아르헨티나 개미 수십억 마리가 수백만 개의 개미굴에서 협력하며 살아가고 있는 것이다. 일반적으로 다른 개미가 살았던 집에서는 살지 않는 개미의 습성을 볼 때 거주지를 공유하는 것은 매우 기묘한 사건이며, 이들은 각각 다른 여왕개미를 모시고 사는 것으로 나타났는데, 이는 현재 세계 각국이 교통을 공유하며 교류하고 지내는 것과 매우 유사한 형태를 보이고 있음을 알 수 있다.

궁극적으로 지하 도시를 건설할 때 개미굴은 매우 이상적인 구조를 갖고 있다. 개미굴들은 일반적으로 수직으로 건설되어 다량의 햇빛과 수분 섭취에 양호한 구조이며, 열에 약한 개미들에게는 매우 유용한 환기구를 확보하기도 한다. 또한 큰비와 홍수에는 침수되기도 하지만, 매우 배수가 잘 되는 토양에 굴을 구축해 환기뿐만 아니라 아래 방향으로의 배설물 배출도 효과적으로 이루어지고 있다.

인간이 지하 공간을 개척해 자신들을 위한 공간으로 만들 때에도 배출되는 쓰레기 및 오물의 처리가 문제가 된다. 궁극적인 지하 도시는 생산과 소비, 쓰레기

일본 왕개미의 집

짱구 개미굴의 규모

의 처리가 동시에 이루어질 수 있는 독립된 공간이기 때문이다. 이러한 시스템을 위해 채광 기술 및 고온·고압에서 부산물을 최소화시키는 쓰레기 및 오물 처리 기술이 개발되어야 할 것이다.

현재의 지하 도시는 재화의 소비만이 이루어지고 있는 공간으로서 소비를 증가시킴에 따라 지상 공간의 부하를 증폭시키는 역할도 다소 수행하고 있는 것이다. 수원 월드컵 경기장의 하부 구조와 같이 빗물을 저장하고, 한발 더 나아가 처리하여 지하 공간의 습도를 조절하고 생활수로 공급하는 기술 역시 필수적일 것이다. 현재 개발이 완료된 기술로서 투수성 콘크리트가 이러한 역할을 수행할 수 있을 것이며, 전자를 사용해 전기적인 조작으로 지하 공간 상부의 창호 소재의 투광성을 조절하여 외부의 상황에 관계없이 사계절 쾌적한 공간을 조성할 수 있을 것이다.

로보트 태권 V의 여의도 기지

일본에 마징가 Z가 있다면 대한민국에는 로보트 태권 V가 있다. 청소년 여러분에게는 오래된 이야기일 수도 있겠지만 1976년에 김청기 감독의 '로보트 태권 V'는 대한민국을 강타했었고, 모든 아이들은 태권 V의 주제곡을 부르며 두 주먹 불끈 쥐고 태권도장으로 향하던 때가 있었다. 태권 V는 그 이후 여러 편의 후속작들이 이어졌지만, 1990년을 마지막으로 그랜다이저 및 메칸더 V에게 지구 수호의 임무를 물려주고 역사의 뒤안길로 사라져 갔다.

하지만 한때 국방부의 일급비밀이었던 사실로서 유사시에 대통령의 지시로 출동 버튼이 눌러지면 로보트 태권 V는 남산타워의 신호를 수신해 여의도의 국회의사당 돔을 열고 출동한다는 것은 누구나 아는 공공연한 비밀이었다. 그렇다면 정말 국회의사당은 태권 V를 수용할 수 있는 시설을 갖추고 있을까? 그렇다면 어떠한 시설들이 필요할까? 자, 이제부터 국회의사당에 태권 V의 기지를 건설해 보도록 하자.

구조물의 목적을 파악하자

모든 일을 시작하기 전에는 무엇을 위한 것인지, 즉 목적을 분명히 하고 시작할 필요가 있다. 분명한 목적이 없을 경우 백화점에 식사하러 들렀다가 매장 직원의 몇 마디 말에 비싼 옷을 들고 나올지도 모른다.

건축 및 토목 구조물을 기획할 때에는 용도가 무엇인지, 어느 정도의 규모가 필요한 것인지, 주변 사회 및 자연 환경과의 이해 및 상충 관계는 어떠한지 등에 대한 사전 조사를 마친 후 설계에 돌입하게 된다. 마치 저녁을 준비하는 어머니께서 자식들에게 무엇이 먹고 싶은지 물어보는 것과 같은 이치이다.

국회의사당에 태권 V의 기지를 건설

태권 V의 기지 구축은 우선 외부의 공격 및 충격에 대한 태권 V의 보호와 유사시의 용이한 출격을 목표로 할 것이다. 이러한 목표를 달성하기 위한 군사 시설임을 감안하면 외부의 접근이 어렵고 온도 및 외부 조건의 변화가 적은 지하 기지의 구축이 합당하다고 판단된다. 또한 공공을 위한 사업으로서 수익성 및 경제성보다는 안전성을 최우선 가치로 설정해야 할 것이다.

태권 V와 국회의사당의 제원을 알아보자

태권 V가 처음 나왔을 때부터 지금까지 태권 V를 어릴 적 가슴에 품었던 사람들의 관심사는 태권 V와 마징가 Z가 싸우면 누가 이길까이다. 필자도 한때 궁금해했던 물음인데, 태권 V와 마징가 Z의 제원(specification)을 비교하고 보니 이제야 어느 정도 감을 잡을 수 있을 것 같다.

태권 V의 크기나 무게에 대한 의견이 분분한 가운데 그래도 제작자

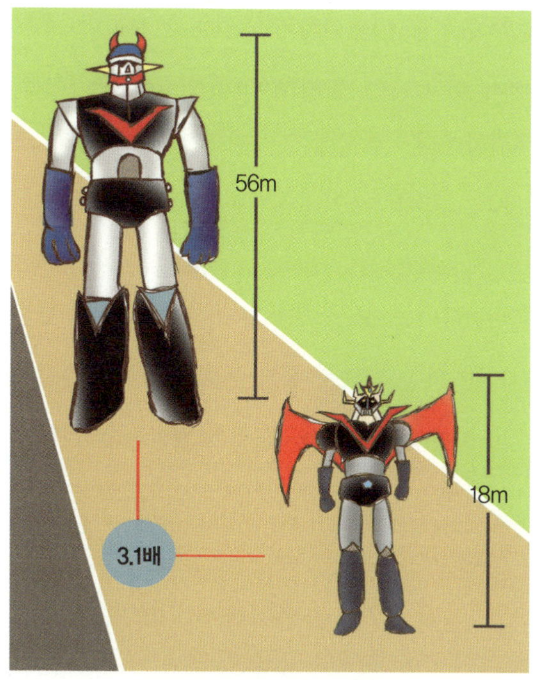

태권 V와 마징가 Z의 제원 비교

인 김청기 감독의 의견인 56m가 가장 타당할 것으로 생각된다. 하지만 태권 V의 무게는 알려진 것이 없으니 과연 국가 기밀 사항이라고 할 만하다. 그러나 이웃 나라 일본의 키 18m, 무게 20톤의 마징가 Z와 비교하면, 부피는 길이의 세제곱과 비례하므로 마징가 Z 키의 3.1배인 태권 V의 무게는 20톤의 약 3.1^3 = 27배인 540톤이 된다.

물론 기계가 거대해짐에 따라 보다 강도가 높은 합금들이 대량으로 더 투입되어 무게가 더욱 무거워질 수도 있겠지만 이는 신재료를 개발하는 우리나라의 유능한 과학자들에게 맡기도록 하자. 혹자의 경우 4,000톤가량의 무게라고 추정하기도 하는데, 이는 지난 2002년에 건조

된 해군 구축함 충무공 이순신함과 맞먹는 무게이다. 충무공 이순신함은 길이 149.5m, 폭 17.4m, 높이 9.5m의 규모를 자랑하는 국내 최초의 4,000톤급 구축함이다. 잘 상상이 가지 않겠지만 이런 구조물이 땅 위에서 움직인다고, 그것도 훈이의 날렵한 태권도 동작을 그대로 따라한다고 생각해 보자.

주변 건물뿐만 아니라 몇 발자국 못 가서 태권 V는 모조리 망가지고 말 것이다. 이러한 정황으로 볼 때 태권 V의 압승이 예상된다. 옛말에 8척 장수라는 말이 있지 않은가? 그런데 태권 V는 8척 장수가 아니라 사람으로 치자면 15척 장수쯤 된다고 생각하면 되겠다. 여기서 잠깐, 1척은 1/3m, 약 30cm이다.

1975년에 여의도에 지어진 국회의사당은 높이 69.19m의 지하 2층, 지상 6층에 구조로 되어 있으며 중앙 상부에 지름 64m의 거대한 돔이 있다. 여러모로 높이 56m의 태권 V를 수용하기에 충분한 규모를 갖추고 있는 것으로 판단된다. 또 돔 구조는 안전성을 위한 최선, 최고의 선택이었다고 판단된다. 돔 구조는 아치의 원리와 매우 유사하다.

건설 분야에서 사용하는 재료들은 보통 콘크리트, 흙, 암석, 금속 등이다. 이 중에 금속을 제외한 재료들은 압축력에는 매우 강하지만 당기는 힘, 즉 인장력에는 매우 약한 편이다. 콘크리트 같은 경우에는 압축 강도에 비해 인장 강도가 약 10분의 1 정도밖에 되지 않기 때문에 구조물을 설계할 때 콘크리트의 인장 강도는 무시하고 있다. 이러한 단점을 보완하기 위해 콘크리트에 뛰어난 인장 강도를 가진 철근을 삽입한 철근 콘크리트를 사용하는 것이다. 본론으로 돌아가서 돔 구조는 상부에서 발생하는 하중들을 모든 구조물에서 압축력으로 전달하기 때문에 어떠한 구조물보다 하중 전달 효과가 뛰어나며, 투입된 재료에 비해서 매우 큰 강도를 보이게 된다. 이러한 이유로 이라크의 사담 후세인 전 대통령의 지하 벙커의 지붕에 돔 구조가 사용되기도 했다. 건설 재료가 발달하지 못했던 중세 시대의 유럽에서는 인장력에 약한 재료들을 감안해 돔 구조와 아치를 이용한 교량들을 건설하기도 했다.

지하 기지를 설계하자

이제까지 구조물의 목적과 대상 구조물에 격납되어져야 할 태권 V, 그리고 국회의사당의 제원을 파악했다. 그렇다면 지하 기지를 설계할 때 필수적으로 고려해야 할 요소들에는 어떤 것들이 있으며, 이를 고려한 설계는 어떻게 이루어질까.

1 자중

우선 태권 V의 어마어마한 자중일 것이다. 540톤의 거대한 로봇을 세워서 보관할 때에는 한쪽 다리에 각 270톤의 하중이 발생하게 되며, 좁은 발바닥의 면적을 고려한다면 발바닥과 맞닿는 바닥 면에는 매우 큰 집중 하중이 발생한다. 따라서 지반 조사를 통해 지반 조건을 파악한 후에 지반에 침하(꺼짐)가 발생하지 않도록 추가 조치를 취해야 할 것이다. 전투 로봇이지만 최첨단 기술이 조합되어 구축된 거대 로봇인 만큼 약간의 침하도 허용되어서는 안 될 것이다.

이를 위해서 우선 국회의사당이 위치하고 있는 여의도의 지반 조사

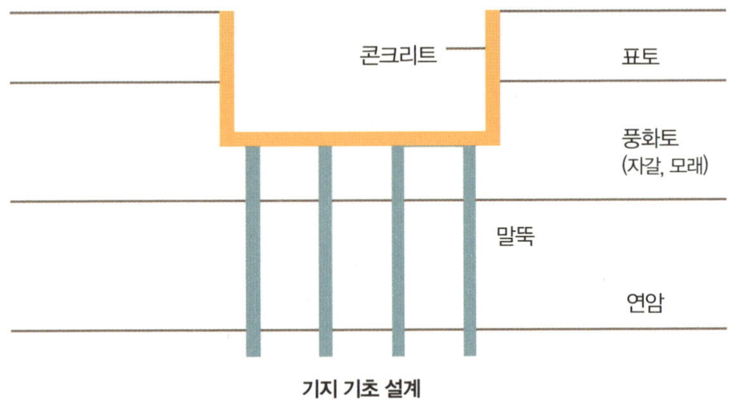

기지 기초 설계

가 이루어져야 한다. 여의도는 특히 강 가운데에 위치하고 있는 하중도(河中島)이기 때문에 지반 조건은 지하수의 위치 변화에 매우 민감하다. 하지만 다행히도 지난 1992년에 지하철 5호선을 건설하기 위해 조사한 지반 조사 결과에 따르면, 표토에서 수 미터만 굴착해 내려가면 조밀한 충적층과 연암, 경암층이 분포하여 태권 V의 하중에 의한 추가 침하는 미세할 것으로 판단된다. 그러나 매우 중요한 시설임을 감안할 때 태권 V의 격납고 하부에는 경암까지 이르는 말뚝(pile)을 타설함으로써 수직 방향으로의 지반 침하에 대한 안전성을 확보해야 한다.

2 추진력

두 번째로는 태권 V가 출격할 때 발생하는 추진력에 의한 열, 압력, 진동 및 연소 가스 등에 대한 설계가 이루어져야 한다. 540톤의 로봇을 한순간에 들어올리기 위한 추진력은 실로 어마어마할 것이다. 태권 V는 비행 시에 방향을 조절할 수 있는 날개 등이 없으므로 각 엔진에 의한 추진력에 의존할 수밖에 없다. 이는 추가적인 추진력과 연료의 연소가 예상되는 부분이다. 태권 V가 출격할 때에는 연소에 의한 고온의 열과 하늘로 솟기 위해 바닥 면에 매우 큰 압축력이 발생하게 된다. 뉴턴의 제3법칙인 작용·반작용의 법칙만 고려하더라도 각 발바닥 면에 540톤 이상의 힘이 발생해야 한다는 것은 너무나 당연한 사실이다. 또한 순간 점화에 의한 산소 소진으로 기압이 급격히 내려가게 되며, 이에 의해 지하 기지의 벽면을 기지 내부 방향으로 당기는 인장력이 발생한다. 이미 언급했듯이 사실 건설 구조물을 축조할 때 인장력은 매우 다루기 어려운 부분이다.

우선 고온, 고강도의 재료가 필요하다. 현재 개발된 재료들 중에는 NASA의 디스커버리호의 알루미늄 합금체 외부 재료로 사용된 세라믹 단열 타일 및 충전재가 좋은 재료가 될 것이다. 디스커버리호의 주 원료인 알루미늄 합금은 온도가 150℃ 이상만 올라가도 강도가 떨어지게 되므로 이를 막기 위해 약 1,600℃까지 견딜 수 있는 특수 세라믹 내열

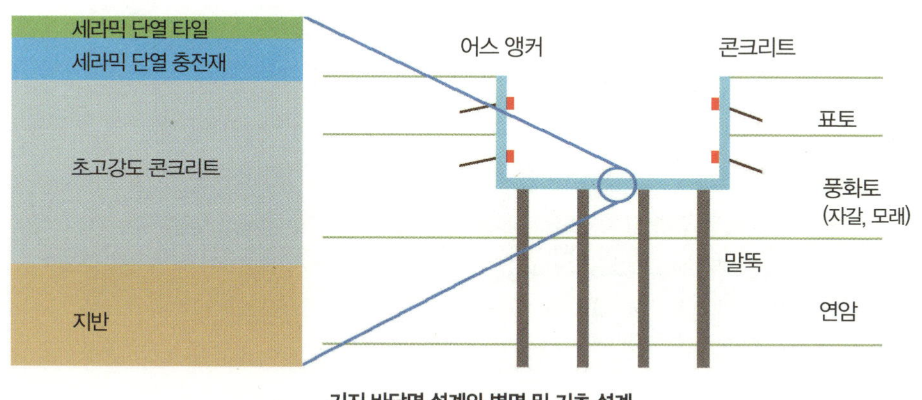

기지 바닥면 설계와 벽면 및 기초 설계

타일을 표면에 부착한다. 우주왕복선이 지구로 회항할 때 대기권을 통과하게 되는데, 이때 지구의 중력 때문에 급강하하게 된다. 이 때의 속도가 초속 약 7.6km(국제선의 경우 비행기의 최고 속도를 1,000km라고 할 때 비행기의 속도보다 약 280배 빠른 속도)인데, 이 마찰에 의해 우주왕복선의 앞부분은 1,400℃까지 올라간다고 하니 단열재로서의 사용이 충분히 가능할 것으로 보인다. 또한 단열재 하부의 콘크리트는 현재 약 200Mpa강도 이상의 초고강도 콘크리트가 개발되어 있으므로 재료 선정에는 문제가 없을 것으로 판단된다.

흙(지반)은 지구 상에 존재하는 재료 중 대표적인 것으로서 압축력에는 매우 큰 강도를 보이지만 당겨지는 힘, 즉 인장력에 대해서는 매우 약한 강도를 보이는 재료이다. 나무가 없는 민둥산에 산사태가 발생하기 쉬운 것도 같은 이치이다. 나무가 많을 경우 나무뿌리에 의해 서로 당기는 힘이 작용하게 되면 흙의 결점인 약한 인장력이 보완되어 산사

어스 앵커(좌측 그림의 주황색 막대와 우측 그림의 인부들이 작업하는 부분)

태가 발생하지 않는 것이다. 따라서 지하 기지를 건설하기 위해 지반을 굴착할 경우에도 흙을 파낸 곳에서는 흙이 으스러져서 흘러내리게 된다. 이를 막기 위해 콘크리트로 벽을 만들고, 콘크리트 벽만으로 위험할 경우에는 어스 앵커(earth anchor)를 설치하게 된다. 여러분은 큰 배를 정지시키기 위해서 갈고리 모양의 쇳덩어리를 해저로 던지는 장면을 본 적이 있을 것이다. 이를 닻[앵커(anchor)]이라고 하는데, 이와 같이 앵커는 어떠한 물체를 고정시키는 고정 장치를 뜻하며, 따라서 어스 앵커는 지반(earth는 지구라는 뜻 외에 땅, 대지라는 뜻도 가지고 있다.)을 고정시키는 고정 장치라고 생각하면 될 것이다. 어스 앵커는 콘크리트 벽면 바깥쪽으로 길쭉한 철봉을 삽입해 지반 깊숙이에 고정시켜서 콘크리트 벽면을 지반 쪽으로 당기는 것과 같은 역할을 하고 있다. 이러한 과정을 통해서 태권 V가 출격할 때 발생할 수 있는 연소에 의한 기압 하강으로 발생하는 인장력에 대한 문제를 해결할 수 있을 것이다.

3 진동 및 지진

산업화를 거치면서 삶의 질은 매우 향상되었고, 사람들의 욕구는 의식주와 같은 1차적인 부분에서 보다 더 아름답고, 보다 더 안락하며, 보다 더 안전하고, 보다 더 쾌적한 질적 요소를 중시하는 2차적인 욕구를 갈망하게 되었다. 이러한 이유로 비바람과 뜨거운 햇빛, 야생동물들에게서 자신을 보호하는 것이 주된 목적이었던 우리의 주거지는 가족들 간의 친밀감을 나누는 공간에 더불어 각 개인들의 사생활을 보장하고 외부와의 합당한 단절을 제공하는 공간이 되었다. 하지만 소득 수준이

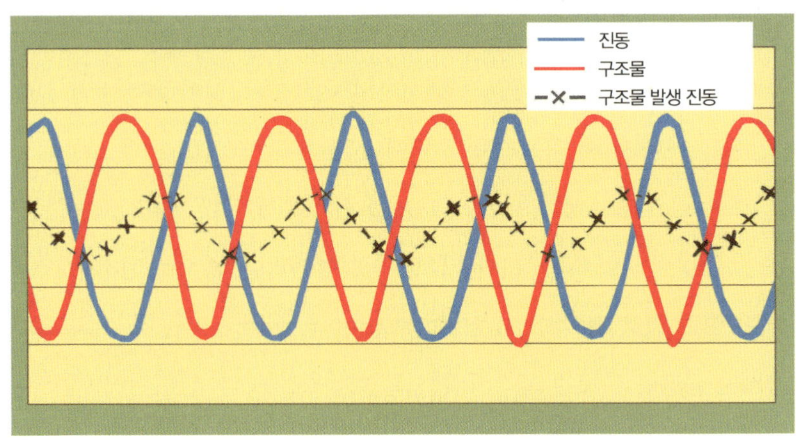

진동과 구조물의 상관 관계

향상됨에 따라 이러한 기본적인 기능들에 더해 보다 예민한 부분에 대한 요구가 발생하게 되었다. 이러한 관점에서 진동과 지진은 현대의 건설 분야에서 매우 첨예한 부분이며, 분석 및 예측이 용이하지 않기 때문에 설계에서 고려했더라도 예측하지 못한 결과들이 발생하기도 한다.

지진이 발생한 경우가 아니더라도 구조물을 사용하는 과정에서 진동은 필연적으로 발생하게 된다. 건물의 경우 상당히 떨어져 있는 곳에서 지나가는 자동차 및 열차의 진동에 의해서도 진동이 발생하며, 특히 고층건물 옥상에 위치한 냉각탑에 의한 진동은 심할 경우 거주자들이 정상적인 생활을 할 수 없게 하기도 한다.

특히 지금 논의하고 있는 태권 V처럼 540톤가량의 거대한 구조물을 연소를 통해 수직 이동시키고자 할 때는 분명히 전후좌우의 균형이 맞지 않아 쏠림 현상이 발생하게 되며, 이는 추가 엔진을 통한 보정이 필요한데, 이러한 과정에서 로봇 및 기지의 바닥 면, 벽면에 진동이 발생한다.

진동이 매우 클 경우(지진)에는 한 번에 직접적인 지하 기지의 파손이 발생할 수도 있지만, 작은 진동일지라도 계속적으로 반복된다면 피로에 의한 손상이 발생할 수 있다.

일반적으로 지진 및 진동에 대한 설계를 할 때에는 개략적으로 세 가지의 개념을 고려한다. 하나는 지진 및 진동에도 구조물이 안전하도록 '충분히' 튼튼하게 설계하는 것이고. 다른 하나는 진동과 반대 방향으로 강제적으로 구조물을 이동시키는 것이다. 즉, '진동과 구조물의 상관 관계' 그래프와 같이 외부에서 지진 등에 의해 발생한 진동에 대해 반대의 진동을 발생시켜서 ×표가 새겨진 실선과 같이 외부 진동 대비 구조물의 진동을 최소화시키는 방법이다. 마지막 하나는 진동이 구조물에 전달되지 않도록 구조물을 진동원인 지반에서 분리하는 방법이다.

태권 V의 기지는 사용 빈도가 높지 않으며 지진의 발생 확률이 매우

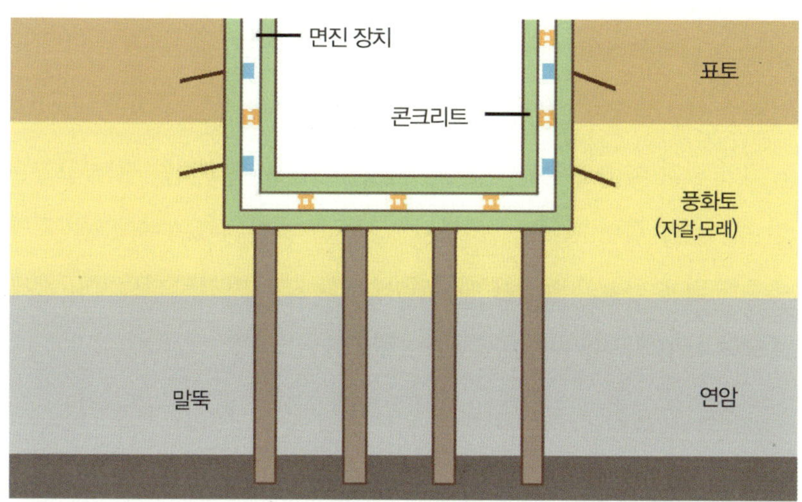

태권 V의 기지 설계도

적은 서울이라는 지리적인 위치를 고려했을 때 기존 구조물에 안전율을 고려하여 좀 더 튼튼하게 짓는 것이 경제적으로 타당하지만, 군사 시설이라는 관점에서는 면진 장치를 사용해 기지를 지반으로부터 분리시키는 방법이 합당할 것으로 판단된다.

지하 기지를 구축하기 위해서는 지표 하부에 공간을 확보해야 하며, 이러한 공사를 위한 공법은 매우 다양하게 개발되어 사용되고 있다. 일반적으로 터널같이 천장이 열리지 않는 구조물을 시공할 때에는 지표에서 굴착하고자 하는 곳까지 수직으로 갱을 굴착한 뒤에 지반 상태에 따라 굴착 및 발파 공법을 사용하며, 대형 공사 현장에서는 경제성에 따라 TBM 같은 고가의 장비를 투입해 효율을 극대화하기도 한다. 우리나라에서는 국토의 특성 및 경제성을 고려하여 일반적으로 굴착 및 암반 같은 단단한 지반을 만났을 때 폭약을 이용한 발파를 한다.

태권 V의 기지가 건설될 여의도는 주변의 주택가 및 상권이 크게 발달되어 있기 때문에 발파 공법을 사용할 경우 발파에 의한 진동으로 주변 구조물에 금이 가거나 심각한 손상을 초래할 수 있으며, 소음 등의 이유로 많은 민원의 발생이 예상된다. 또한 지하 기지는 터널처럼 길게 발달한 선형의 구조물이 아니며, 대규모의 굴착 면이 필요하지 않기 때문에 지표부터 굴착해 나가는 개착 공법이 타당할 것으로 판단된다.

돔 천장의 설계

돔과 아치 구조는 동서고금을 막론하고 매우 광범위한 지역에서 유용하게 사용되었다. 앞서 언급한 바와 같이 암석이나 흙은 압축력에만 강한 강도를 보이는 대표적인 재료로서 차곡차곡 쌓아 나가는 구조물에는 매우 효율적인 강도를 보이지만, 흙을 쌓아 놓고 위로 당긴다고 생각하면 어떤 일이 일어날지는 설명하지 않아도 알 수 있을 것이다. 더군다나 건설 재료(콘크리트 및 철강, 암석, 흙 등)에 대해서 연구가 미비했던 당시를 생각하면 가장 안전한 방법으로 구조물을 짓는 것이 첫 번째 목표였을 것이다.

이론상 석조 건설재로는 약 2km 높이의 구조물의 건설이 가능하다고 하나, 이는 건설 재료의 무결성(無缺性)을 전제로 한 것으로서 실제로는 어렵다고 할 수 있을 것이다. 하지만 암석이나 흙 같은 재료를 사용해 압축력만을 받는 구조물을 건설한다면 재료의 파괴에 의한 구조

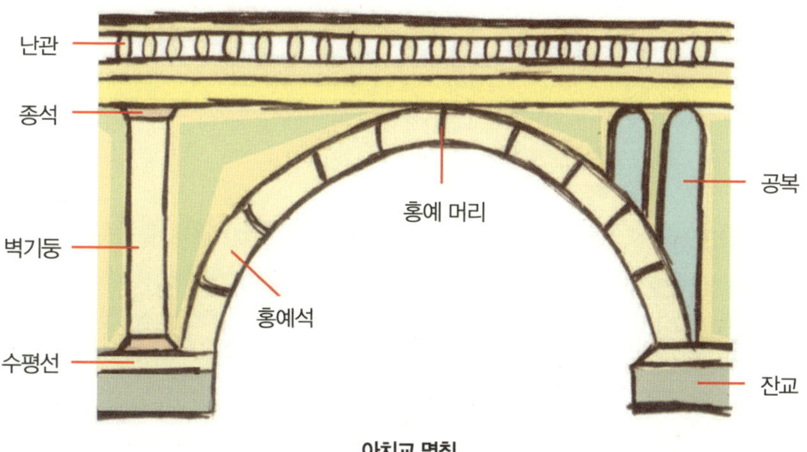

아치교 명칭

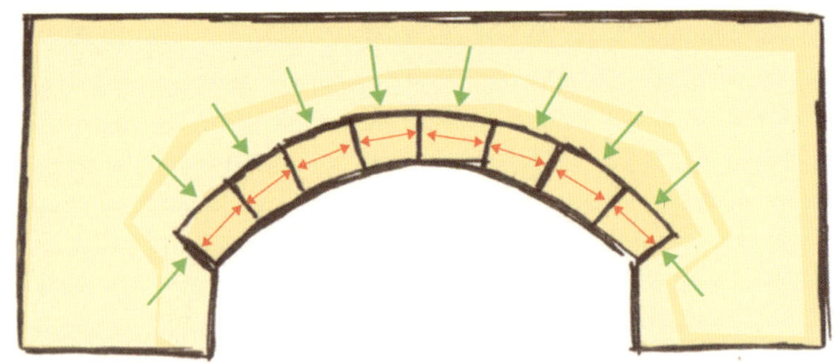

아치 구조에서 힘의 전달 과정

물의 붕괴는 거의 발생하지 않으며, 재료에 대한 연구가 미비한 상태에서 돔과 아치 구조의 선택은 필연적인 것이라고 할 수 있을 것이다.

후세인의 지하 벙커 사례에서도 보았듯이 외부 충격에 합당하게 설계된 돔 구조에서는 돔 표면의 접선에 정확하게 수직으로 떨어지는 공격 외에는 웬만한 충격에는 안전하다고 할 수 있다. 이러한 돔 구조를 태권 V 기지의 상부구조로 얹는 것은 유사시 주위 구조물이 파손되더라도 태권 V를 보호할 수 있는 것으로 후세인의 지하 벙커와 유사한 강도로 짓는 것이 합당하다고 판단된다.

모니터링 시스템 및 유지·보수

성수대교의 경우처럼 근래 사회 기반 시설물에 대한 유지·보수는 필수적인 것으로 여겨지고 있다. 한 연구 결과에 따르면 적절한 유지·보수를 행한 교량의 수명은 유지·보수를 하지 않은 경우에 비해 약 3배 정도 연장될 수 있다고 한다. 더군다나 태권 V의 기지와 같은 지하 구조물의 경우 항상 토압과 지하수에 노출되며, 태권 V가 출격할 때에

베를린 대성당의 돔

드레스텐의 츠빙거(Zwinger) 궁전

는 엄청난 고온과 고압, 진동이 발생하기 때문에 주기적인 점검과 유지·보수는 필수적이다.

포루투칼 리스본의 개선문

프랑스 파리의 개선문

**균열이 발생한 지하구조물에 약액 주입으로
지하수 침투 방지 및 크랙의 전파 방지**

과거에는 육안으로 균열(crack) 등을 확인하고 망치로 두들겨 보는 정도였지만, 근래에는 구조물 전체에 대한 레이저 스캐닝을 통해 방대한 양의 이미지를 확보한 후에 이미지 프로세싱 기술을 활용하여 외관 검사를 실시한다. 또한 비파괴 검사 방법 등이 다수 개발되어 구조물을 파손하지 않고 내부를 검사할 수 있는 방법들이 제안되어 있다.

최근에는 IT 통신 및 데이터 처리 기술을 접목하여 구조물에 부착된 센서를 통해 실시간으로 구조물의 변형이나 온도 등을 취합하고, 전체적으로 조합해 체계적이고 통합적인 관리가 가능한 방법들이 연구되고 있다.

환경 보전을 위한 개발

언제부터인지 '개발'이라는 용어는 '환경 파괴'와 비슷한 단어로 사용되고 있다. 경제 성장만이 지상 과제였던 지난 1960~1980년대의 한국은 환경 보전은 안중에도 없었다. 일제강점기와 한국전쟁을 거치면서 국토는 이미 황폐화될 만큼 황폐화되었고, 사회적·경제적 기반은 턱없이 모자랐다.

당시 유엔에 등록된 120여 국 중 한국보다 국민소득이 적은 나라는 인도 하나였다. 이러한 상황을 타계하기 위해서 정부는 인력을 수출하기 시작했고, 베트남전쟁 참전과 독일로 광부·간호사들을 대거 파견하면서 외화 벌이를 주도했다. 국민소득 2만 달러 시대에 사는 현재의 우리들이지만 당시에는 76달러였고, 1964년에 100달러를 돌파하게 되었다.

이후 1971~1980년대의 중동 건설 경기의 호황에 의해 국내 인프라 시설들을 체계적으로 개발할 수 있는 밑천이 되었다. 베트남전쟁 참전의 대가로 받은 자금으로 한국 경제 부흥의 초석이라고 할 수 있는, 우리 국토의 대동맥인 경부고속도로를 건설하면서 물류의 숨통이 트이기 시작했다. 2010년 말 기준, 전국 도로의 총 연장은 10만 5,565km로서 경부고속도로의 약 250배에 달하는 도로가 전국 방방곡곡을 핏줄처럼 연결하고 있다. 최근에는 최단거리를 확보하고 우회 도로를 통한 토지 보상 비용의 과다한 지출을 피하기 위해 터널과 교량을 선호하는 경향이 있다.

2007년에 한국건설협회는 건설 전문가들을 대상으로 설문 조사를 실시해 한국 건설 60년 동안의 토목·건설 부문 최고 10대 프로젝트를 선정했다. 사회 기반 시설

경부고속터널의 천성산 구간 노선도

지율 스님

중에서는 경부고속도로가 1위를 차지했고, 두 번째로는 경부고속철도가 선정되었다. 경부고속철도는 도로의 포화 상태로 국토의 곳곳을 연결하는 상대 거리(이동하는 데에 걸리는 시간)가 계속적으로 증가함에 따라 인구와 물류의 획기적인 이동을 도모하고자 1983년부터 계획되어 2004년에 일부가 개통되었고, 2010년 완공된 매우 큰 프로젝트이다.

최초에 계획한 완공 시점은 2000년경이었으나 공사 과정에서 설계 변경 및 노선 변경 등에 의해 공사가 지연되었다. 고속철도를 처음 건설하는 국내 건설 기술의 미흡함도 공사 기간 지연에 한몫했지만, 각 지자체의 이권을 위한 노선 다툼, 용지 보상 문제 그리고 환경 단체들의 반대 등은 공사 진행에 큰 걸림돌이었다. 그중 경남 양산의 천성산 공사와 관련해 지율 스님이 단식 투쟁을 한 것은 사회적으로도 이슈가 되었던 대표적인 사건이다. 화두는 천성산을 통과하는 원효터널이 지하수가 흐르는 지층을 통과하여 주변의 지하수위를 전체적으로 낮추게 되고 생태계 전반에 변화를 가져올 수밖에 없다는 것이었다. 또 천성산의 습지가 마르게 되어 당시 단식 투쟁의 상징이었던 도롱뇽이 살 수 없게 된다는 이야기로 더욱더 알려지게 되었다. 2001년에 시작된 공사 반대 투쟁은 2005년 2월에서야 중단되었고, 2006년 대법원이 소송 기각 결정을 내린 뒤에야 공사는 재개되었다. 실질적으로 공사는 1년여 기간 동안 중단되었고, 약 400여 명의 공사 현장 직원들은 일손을 놓은 채 지낼 수밖에 없었다. 막대한 국가적 손실이 발생했음은 불 보듯 뻔한 이야기이다. 그러나 이 사건은 한국 사회에 경제 논리에 의한 무차별적인 환경 개발에 대한 경종을 울렸다. 하지만 한편으로는 향후 국가의 대형 인프라 사업에 이와 같은 환경 논리로 차질이 발생할 수도 있다는 씁쓸한 말미를 남기기도 했다.

개발은 환경 보전과 인간의 삶의 질 향상을 위해 이루어져야 한다. 최소한의 환경

훼손을 꾀하고, 개발된 시설이 보존된 녹지에 환경적인 영향을 미치는 것을 감소시켜야 할 것이다. 산업화되지 않은 북한을 예로 들어 보자. 잘 알고 있겠지만 북한의 경우 땔감으로 나무를 베어 많은 산들이 민둥산이 되었고, 심지어는 나무뿌리도 캐 먹는다고 한다. 이러한 영향으로 매년 여름 폭우가 쏟아지면 산사태와 홍수가 발생한다.

반면에 우리나라는 어떠한가. 극심한 개발 광풍 속에서도 홍수를 조절하고, 봄 · 겨울 갈수기에도 댐과 저수지를 활용해 물을 사용할 수 있다. 산에는 녹음이 푸르고, 아직은 미흡하지만 도시 한가운데에 공원들이 존재한다. 자연에 손을 대지 않는 것이 자연 보호가 아니라는 것은 이쯤이면 알 수 있을 것이다. 그렇다면 천성산의 원효터널의 경우 터널을 뚫지 않고 산을 우회한다면 산허리를 잘라 내어 오히려 더욱 큰 면적의 녹지를 훼손할 수도 있는 문제이다. 이렇듯 개발 사업에서는 환경적인 측면과 인간 삶의 향상 정도를 면밀히 검토해서 최소한의 개발로 최대의 효과를 이끌어 내야 할 것이다.

하나밖에 없는 푸른 별 지구는 인간의 것만이 아니라 우리를 보살펴 주고 감싸 주는 자연의 것이기도 하다. 감각을 자극하고 화려한, 인간을 편안하게 해 주는 공학의 한 부분만을 좇다가는 가장 중요한 우리의 삶의 터전을 잃을 수도 있다는 것을 명심하자.

키워드

간사이 국제공항(Kansai International Airport)
일본 혼슈(本州)의 오사카 만(大阪彎) 해상에 있는 국제공항이다.

강화 콘크리트(rich concrete)
일반 콘크리트보다 더 큰 강도를 가진 콘크리트를 말한다.

고립(isolation)
주변 지반과의 접촉을 최소화함으로써 진동의 전달을 감소시키는 것이다.

구조체(body structure)
일정한 설계에 따라 여러 가지 재료를 얽어서 만든 물체이다.

군체(群體)
같은 종류의 개체가 많이 모여서 공통의 몸을 조직하여 살아가는 집단을 말한다.

굴착 공사(excavation work)
땅이나 암석 따위를 파고 뚫는 공사이다.

굴착 기술(excavation technology)
땅이나 암석 따위를 파고 뚫는 기술을 말한다.

기초(foundation)
건물, 다리 따위의 구조물의 무게를 받치기 위해 만든 밑받침을 말한다.

담수화 기술(water conversion technology)
바닷물의 소금기를 줄여 민물로 만드는 기술이다.

라이닝 세그먼트(lining segment)
원 지반을 굴착한 후 지반의 붕괴를 막기 위해 콘크리트로 만든 원형의 벽이다. 현장에서 먼저 만든 후(precast) 굴착한 다음에 현장 설치로 시공이 완료된다.

램프웨이(rampway)
입체 교차하는 두 개의 도로를 연결하는, 도로의 경사진 부분을 가리킨다.

록볼트(rock bolt)

갱도(坑道)를 지지하는 재료로서, 암반 내에 뚫은 구멍에 꽂아 넣어 사용하는 볼트 및 그 부속품을 말한다.

리아스식 해안(rias coast)

해안선의 굴곡이 심하고 나팔 또는 나뭇가지 모양의 만을 이루는 해안이다.

면진 장치

면진(免震), 한자 그대로 움직임(진동)을 면하게 해 주는 장치로서 교량 및 빌딩의 지진에 대한 내진 설계에 사용된다.

무지보 터널(unspported tunnel)

굴 따위를 팔 때 무너져 내리지 않게 받들어 버티는 구조물이 없는 터널이다.

발파 공법(blasting method)

지하 공간을 확보하기 위해 화약의 폭발력을 이용하는 방법이다.

배기 덕트(exhaustion duct)

공기나 기타 유체를 밖으로 흘려보내는 통로 및 구조물이다.

버력(refuse)

광산·탄광 등의 갱도 굴진·채광·채탄·선광·선탄 과정에서 선별되는 무가치한 암석 덩어리, 암석 조각, 슬라임(암석 등의 미세 입자) 등의 총칭을 말한다.

벙커(bunker)

사격이나 관측으로부터 아군을 보호하기 위해 땅을 파서 만든 구조물을 말한다.

보링 머신(boring machine)

지질 조사, 그라우트 구멍의 천공·착정(鑿井) 등에 사용하는 시험체 채취용 기계이다.

사회 기반 시설(infrastructure)

상하수도, 도로, 댐 등과 같이 사회의 육성·발전을 위해 바탕이 되는 공공시설을 말한다.

석회암(limestone)

탄산칼슘을 주성분으로 하는 퇴적암이다.

성큰(sunken)

지하나 지하로 통하는 공간을 가리킨다. sink(가라앉다)의 과거분사형.

세그먼트(segment)

굴을 팔 때 굴의 곡면을 만드는 활 모양의 철제 토막이다.

숏트크리트(shortcrete)

시멘트를 분사해 구조물의 표면 마무리, 보수용, 강재(鋼材)의 녹 방지용으로 쓰인다.

수밀성(permeability)

기계 또는 장치의 어느 부분에 채워진 물이 밖으로 새지 않고 밀봉되어 있으려는 성질을 말한다.

아케이드(arcade)

열주(列柱)에 의해 지탱되는 아치군(群)과 그것이 조성하는 개방된 통로 공간이다.

안전율(safety factor)

구조물은 실제로 필요로 하는 강도 이상으로 구축되고, 안전율은 실제 필요 강도와 설계 강도의 비로 나타낸다. 예를 들어 40톤 차량의 통과 제한 교량에 대하여 50톤의 하중에도 견디도록 설계했다면 안전율은 50/40 = 1.25가 된다. 하지만 사용 하중은 10으로 제한하게 된다. 안전율이 지나치게 크게 산정되었을 때에는 지나치게 튼튼하게 설계되어 예산을 낭비하는 결과를 초래하게 된다.

암반역학(rock mechanics)

암반의 운동에 관한 법칙을 연구하는 학문이다.

압축력(compressive force)

물질 따위에 압력을 가해 그 부피를 줄이는 힘을 말한다.

연약 지반(soft grounds)

건조물의 기초로서 충분한 지지력이 없는 지반을 말한다.

인공 섬(artificial island)

공해(公海) 상에 공간 창출을 목적으로 인공적으로 만들어진 섬 형태의 구축물이다.

인장력(tensile force)

당기는 힘을 말한다.

점토(clay)
지름이 0.004mm 이하인 미세한 흙 입자를 말한다. 암석이 풍화·분해되면 주로 규소, 알루미늄과 물이 결합해 점토 광물이 이루어진다.

지반 침하(settement)
지면이 서서히 가라앉는 현상으로서 지진에 의해 급격히 일어나거나, 지각운동에 뒤따르는 지각 평형에 의해 서서히 가라앉거나, 제3기와 제4기 지층 같은 미고결 퇴적층으로 이루어진 지역에서 여러 가지 인공적인 원인에 의해 지반이 서서히 내려앉는다.

지열(geothermy)
지구 내부에서 표면을 거쳐 외부로 유출되는 열량이다.

지질 조사(geological survey)
어떤 지역의 암석 및 지층의 분포와 상호 관계, 지질 시대, 지질 구조 등과 같은 지질 현상을 밝히기 위해 실시하는 조사이다.

지하 공동구(underground utility tunnel)
지하에 상하수도 및 전력선 등을 위한 관로(管路)가 공동으로 설치된 대형 지하구조물이다.

집광기(condenser)
빛을 한 곳으로 모으는 장치로 사용된다.

집중 하중(concentrated loads)
또는 점하중. 한 곳에 집중되어 발생되는 하중을 말한다.

창호 소재
외부와 건물의 경계, 유리창 등을 말한다.

터널(tunnel)
도로, 철도, 수로(水路) 등을 통하게 하기 위해 땅속을 뚫은 통로이다.

토질 역학(soil mechanics)
설계, 시공을 목적으로 한 토질공학의 기초 이론에 해당하며, 역학과 수리학(水理學)을 응용하는 학문이다.

투수성 콘크리트

콘크리트 내부에 다수의 공극을 만들어 물이 통과할 수 있도록 만든 콘크리트이다.

트렌치 공법(trench method)

배관 및 터널 등의 설치를 위한 개착 공법. 수중(水中) 터널을 만들기 위한 공법이다.

파이프라인(pipeline)

석유, 천연가스 등 유체의 수송용 구조물이다. 관로(管路).

페로몬(peromone)

같은 종(種)의 개체 사이의 커뮤니케이션에 사용되는, 체외로 분비되는 성 물질이다.

편마암(gneiss)

변성암의 일종으로, 이질(泥質) 또는 사질(砂質)의 퇴적암이 높은 온도하에서 광역 변성 작용을 받은 경우에 생성된다.

해저터널(undersea tunnel)

바다 아래를 지나는 터널이다.

홍예(arch)

원래 무지개를 뜻하는 말로서 홍예문과 같은 말이다. 홍예문은 문의 윗부분을 반원 형태로 만든 문을 말한다.

황토(loess)

주로 실트 크기의 지름 0.002~0.005mm인 입자로 이루어진 퇴적물을 말하며, 뢰스라고도 한다. 빙하 퇴적 점토와 함께 스텝 기후하의 체르노젬 등의 비옥한 토양의 모재가 된다.

NATM(New Austrian Tunnelling Method)

1956년에 오스트리아에서 개발된 터널 굴착 공법의 하나로, 터널을 굴진하면서 기존 암반에 콘크리트를 뿜어 붙이고 암벽 군데군데에 구멍을 뚫고 죔쇠를 박아서 파 들어가는 공법이다.

TBM(Tunnel Boring Machine)

무진동, 무발파로 굴착하는 전단면 터널 굴착 기계이다.

참고문헌

[1] 권오정. 『아름다운 영혼 : 대구지하철 참사 진혼곡』. 새로운 사람들, 2003.

[2] 마에다건설 판타지 영업부. 김영종 옮김. 『마징가Z 지하기지를 건설하라』. 스튜디오본프리, 2005.

[3] 베르나르 베르베르. 이세욱 옮김. 『개미』. 열린책들, 1993.

[4] 연세대학교 산업기술연구소. 『서울시 지하철 5-16공구 터널공사 보강대책에 관한 연구』. 연세대학교 산업기술연구소, 1992.

[5] 정동길. 「지하벙커」, 세계일보, 2005. 5. 6.

[6] 주간동아. 「안전사각 땅속세계가 떨고 있다」, 『주간동아』. 2003. 03, pp. 22~25.

[7] 「터널 내 굴착작업」, 『안전기술』 2월호. 대한산업안전협회, 2001. 2. 1.

[8] 홍원화. 『2.18 대구지하철 화재참사 기록과 교훈』. 119 Magazine, 2005.

[9] SBS. 「후세인 은신처 지하벙커는 철옹성」, 2003.

[10] Carmody, John and Sterling, Raymond. *Underground Space Design*. Van Nostrand Reinhold, 1993.

[11] 대구 달서 경찰서 홈페이지 : http://dalseo.dgpolice.go.kr

[12] 고수동굴 관리사무소 홈페이지 : http://www.kosu.or.kr

[13] 요빅 하키케번 공식 홈페이지 : http://www.fjellhallen.no

[14] Internet BBC New : http://news.bbc.co.uk/2/hi/middle_east/2901081.stm